城市设计（下）
——设计建构

（原著第六版）

[德] 迪特尔·普林茨　著
吴志强译制组　译

中国建筑工业出版社

著作权合同登记图字：01-2002-4824号

图书在版编目（CIP）数据

城市设计（下）——设计建构（原著第六版）/（德）普林茨著；吴志强译制组译. —北京：中国建筑工业出版社，2009（2021.2重印）
ISBN 978-7-112-11508-2

Ⅰ. 城⋯　Ⅱ. ①普⋯②吴⋯　Ⅲ. 城市规划-建筑设计　Ⅳ. TU984

中国版本图书馆CIP数据核字（2009）第192276号

Stadtebau-Band 2: Stadtebauliches Gestalten/Dieter Prinz
Copyright © 1980 W. Kohlhammer GmbH, Stuttgart
6., Auflage 1997
Chinese Translation Copyright © 2010 China Architecture & Building Press
Alle Rechte vorbehalten.

本书经W. Kohlhammer GmbH图书出版公司正式授权我社翻译、出版、发行

责任编辑：董苏华
责任设计：郑秋菊
责任校对：陈　波　关　健

译制组名单
翻译：吴志强　干　靓　冯一平　蒋　薇　许　晓　孙雅楠　申硕璞
校核：吴志强　干　靓　董楠楠　蔡永洁　曲翠松　冯一平　蒋　薇
顾问：Bernd SEEGERS（德）

城市设计（下）
——**设计建构**
（原著第六版）
［德］迪特尔·普林茨　著
吴志强译制组　译
*
中国建筑工业出版社出版、发行（北京西郊百万庄）
各地新华书店、建筑书店经销
北京嘉泰利德公司制版
北京建筑工业印刷厂印刷
*
开本：880×1230毫米　1/16　印张：13　字数：418千字
2010年1月第一版　2021年2月第六次印刷
定价：46.00元
ISBN 978-7-112-11508-2
　　　　（18306）
版权所有　翻印必究
如有印装质量问题，可寄本社退换
（邮政编码 100037）

目 录

中文版序 ··· 5
前言 ··· 7

第 1 章 城市设计与造型 ························· 9
1.1　导言 ··· 9
1.2　用途、形式与意义 ····························· 10
1.3　场所、联系和灵感 ····························· 12
1.4　形态建构的与时俱进性 ······················ 13
1.5　城市设计方案的空间层级和内容层级 ··· 14
1.6　造型指标的分级 ································ 15

**第 2 章 自然景观、场所与城市形象的
现状调查与分析** ······················· 16
2.1　自然景观形象的造型特点 ··················· 17
2.2　乡村形象与城市形象的造型特点 ········· 18
2.3　理解和分析造型特点的图像资料 ········· 22
2.4　街道空间的造型特点 ·························· 23
2.5　建筑的造型特点 ································ 27

第 3 章 城市造型设计的总体建议 ··········· 29
3.1　造型与秩序 ······································ 30
3.2　**造型原则** ·· 35
3.2.1　造型原则 1 ···································· 36
3.2.2　造型原则 2 ···································· 38
3.2.3　造型原则 3 ···································· 40
3.2.4　造型原则 4 ···································· 42
3.2.5　造型原则 5 ···································· 43
3.3　**在自然景观中安排建设措施** ·············· 46
3.3.1　以地形作为规划设计的出发点 ········· 47
3.3.2　以水文作为规划设计的出发点 ········· 47
3.3.3　以植被作为规划设计的出发点 ········· 48
3.3.4　关于地区高程格局的建设用地选址 ··· 49
3.3.5　根据自然景观承载力标准确定
　　　建设用地 ····································· 50
3.3.6　坡地建筑 ······································· 51
3.3.7　在自然景观框架中的整合建筑 ········· 54
3.3.8　自然景观的空间边界和居住区
　　　边缘的造型 ································· 55
3.4　**现状中的新建筑布局** ························ 57

3.5　**城市设计视角下的建筑造型** ·············· 58
3.5.1　"目高"视野中的建筑物、空间与
　　　细部造型 ····································· 58
3.5.2　空间边界的造型效果 ······················· 59
3.5.3　屋顶形式的造型效果 ······················· 60
3.6　**街道与街道空间的造型** ···················· 61
3.6.1　街道形态适应自然景观 ··················· 62
3.6.2　街道形态适应城市形象 ··················· 63
3.6.3　表现出公共性与私密性特点的
　　　住区街道与广场造型 ···················· 66
3.6.4　为了疏解交通与改善居住环境的
　　　街道改造 ····································· 69
3.6.5　街道走向适应场地格局 ··················· 71
3.6.6　街道隔声防护设施的造型 ··············· 72
3.6.7　开敞型自然景观与居民区之间的
　　　连接区的街道造型 ······················· 74
3.6.8　住区入口处的门户造型 ··················· 75
3.6.9　街道空间的造型 ····························· 76
3.6.10　广场的造型 ··································· 81
3.6.11　规划设计实例——某城市广场的
　　　　新造型 ······································· 85
3.7　**步行道的造型** ································· 88
3.7.1　穿越城市的步行道作为交替式
　　　的体验区 ····································· 89
3.7.2　步行道设施、装饰、造型的建议 ····· 90
3.7.3　步行道上的设施及其造型细部 ········· 93
3.8　**水体作为城市形象的体验要素** ·········· 98
3.9　**树木作为造型要素** ··························· 99
3.9.1　树木的美观性、体验性与实用性 ····· 99
3.9.2　树木作为街道与广场中造型的要素 ··· 101
3.9.3　适用于不同场地的树木类型 ··········· 104
3.9.4　一棵树的历时变化 ························· 105
3.9.5　树木用以挡风遮雨 ························· 106
3.10　**住宅周边环境的设施和造型** ············ 107
3.10.1　住宅周边环境中设施、活动空间
　　　　与体验空间的结构 ······················ 108
3.10.2　住宅周边环境的扩展区 ················· 109
3.10.3　住宅周边环境中的设施可达性 ······· 110
3.10.4　住宅周边环境中的游戏场所 ·········· 110

3.10.5	住宅周边环境中的广场造型与开放空间造型 …… 111		4.3.10	多层建筑住宅区的造型规定 …… 162

第4章 居住区的造型 …… 114

4.1 **开敞型、松散型的独户住宅区** …… 115
4.1.1 建筑的特点 …… 115
4.1.2 居民区形象及其造型特点 …… 117
4.1.3 支路的造型 …… 118
4.1.4 作为居住区造型要素的过渡区域 …… 120
4.1.4.1 宅前花园过渡区 …… 121
4.1.4.2 宅内花园过渡区 …… 123
4.1.5 开敞型居住区的造型规定 …… 125
4.2 **紧凑型居住区** …… 126
4.2.1 紧凑型独户住宅建筑的特点 …… 126
4.2.2 作为住宅环境造型要素的过渡区域 …… 130
4.2.2.1 宅前花园过渡区 …… 131
4.2.2.2 宅内花园过渡区 …… 136
4.2.3 停车场与车库的布局与造型 …… 139
4.2.4 建筑立面：造型与空间形象 …… 142
4.2.5 住宅行列转角建筑的造型 …… 145
4.2.6 行列式住宅组团的转角造型 …… 146
4.3 **封闭型居住区** …… 147
4.3.1 街坊式建筑 …… 148
4.3.2 行列式建筑 …… 150
4.3.3 开敞的、"新型的"街坊式建筑 …… 152
4.3.4 混合的建筑格局 …… 154
4.3.5 住宅与环境间过渡区的功能、意义与造型 …… 154
4.3.6 多层住宅建筑环境的公共区域 …… 155
4.3.7 过渡区的宅前花园、宅前地带 …… 156
4.3.8 过渡区的宅内花园、宅内露台、宅内庭院 …… 157
4.3.9 停车场布局与造型——开敞的停车场地 …… 158

第5章 供应服务区的造型 …… 163
5.1 供应服务设施的城市设计评价 …… 164
5.2 供应服务设施及供应服务区的结构性布局与相互联系 …… 165
5.3 独立商店：建筑与交通流线的特点 …… 167
5.4 商业街：建筑与交通流线的特点 …… 168
5.5 商业中心：建筑与交通流线的特点 …… 169
5.5.1 商业中心的功能配置 …… 170
5.5.2 商业中心的造型 …… 171
5.6 步行商业街的设施与造型 …… 174
5.7 通行车辆的商业街设施与造型 …… 176
5.8 商业楼层的造型 …… 178
5.8.1 商店立面的建筑造型 …… 178
5.8.2 商店建筑与商业街造型的特殊建筑形式 …… 180
5.9 多功能使用结构的商业中心 …… 183

第6章 混合区和产业区 …… 186
6.1 混合区，混合使用的问题和视角 …… 186
6.2 产业区 …… 189
6.2.1 建筑形式 …… 189
6.2.2 造型案例 …… 190
6.2.3 造型规定 …… 191

第7章 造型规定 …… 192
7.1 控制引导性规划或条例中的造型规定 …… 192
7.2 某城市设计规划范例中的造型规定 …… 197

索引 …… 202
参考文献 …… 206
译后记 …… 207

中文版序

"城市设计",在国内高校中逐步发展成为建筑与城市规划学院的一门兼容各个专业的综合性课程,成为一个专业的教师和学生进入和理解相邻专业的桥梁,故也为高校国际教学交流和国内跨校联合设计的首选项目。不管是建筑学的学生、城市规划的学生,还是风景园林和景观设计的学生,通过"城市设计"课程,可以在一个共同的平台上展现各自的专业才华,补充相邻专业的知识,成为能理解多学科的人才。"城市设计"重要,此为一。

"城市设计"除上述兼容性构成其破除相邻专业间隔膜的重要性外,发展成为连接人居环境规划设计学科下各个子学科的强烈胶粘剂。观世界各大建筑规划设计学院,或独立建系,以连接规划建筑地景园林;或课程建制,以形成跨越各系之间的交集。当今世界两千余所建筑规划院校,凡在意"城市设计"课程者,居前。凡重推"城市设计"课程者,学院各系互动,人居环境学科聚气。"城市设计"重要,此为二。

然,"城市设计"在国内的发展,我看到在其大辉煌的过程中,需要补回理性的研究基础;在其强调设计创意的炫耀下,需要培养扎实的技术手段。

为什么许多人有这样的感受,接触了德国,发现城市设计不够炫耀,但城市设计的建成环境处处令人安心?这就是遴选这套德文《城市设计》译成中文的动机,为国内的城市设计同行和学生,破解德国的城市设计极具特点的理性哲学基础和扎实技术手段。

本书是为德国高校建筑学专业/城市规划专业/园林景观专业的学生专门撰写的《城市设计》教科书,分上、下两册。上册"设计方案"主要讨论城市设计的基本方法,包括现状调查、目标设定、方案设计,及道路交通、噪声防护、道路照明、开放空间、住区住房、配套设施等方面的设计手法。下册《设计建构》主要讨论城市设计造型,包括城市形象现状调查与分析、造型设计的原则与基本手法,以及居住区、供应服务区、混合区与产业区的细部造型设计。

早在20世纪90年代初,在全国城市规划会议上老先生就已经高瞻远瞩地提出:"20世纪90年代要把城市设计工作尽快建立起来。"回顾过去的20年,城市设计的工程项目涵盖城市中心设计、城市新区设计、开发区设计、城市旧城改造、城市滨水区开发、城市广场、城市步行街、体育博览区、科技园区、大学校园等各个领域。"尽快"做到了,"建立起来"还是要扎实的理性基础。

此书,可以让"城市设计"不再炫耀,理性分析基础上的扎实基本功夫,才是现在亟需补充的内涵。让我们的城市更加美好,热潮中需要理性,激进中需要安全,设计中需要研究,繁华中需要基石。

2008年仲夏于都江堰

前　言

"简朴亦可富足，如同繁杂亦可贫瘠……"
——H. Tessenow[①]

如果一个现实的细部造型既符合功能又形态优美，也许还很受欢迎却又不张扬，它就能做得恰到好处。通过配置同一视野中众多相同和不同的细部，架构它们之间的联系，这不仅指在形式上塑造，更是思考场所的需求和内涵，最终给出一个整体印象。在一个广场、街道空间或者停车场中，细部要从周边的建筑、自然的景观的空间比例、形态和功用中建立起形象框架，并且对形式、功能及内涵表达的相互关系加以配置。

如果广场、街道、停车场富于人气，我们所感知的一年四季和一日早晚的气氛，就会受到日光和阴影、噪声和气味的影响，因此，要把形式语言同氛围营造联系在一起，使人可以感受造型功能产生显著影响，而不仅仅玩味于美学价值或弥补欠缺。

随着空间的不断拓展和多样化的不断增加，造型议题日益复杂，要求也越来越高，造型需要对任务作出整体性的贡献，而且还必须承担起大的责任。彰显的整体造型或者细部决定场所特质，然后又以谦逊的形式语言让位于其他的特征，不同的状况接踵而至。

城市造型设计始于对于规划场地和规划目标的感性观察和评价，以便随后用概念草图创造城市设计项目形态的设计，组织空间和内涵。在空间和尺度的互动关系中，逐步细化和具体表达形态理念。这适用于范式的制定、品质标准的建议，随之可以此为依据，创造具有个性时空特征的造型设计方案。

城市造型设计包括以下任务：疏理出清晰的设计目标，确定出规划意图框架，同时，为个性造型提供智慧和玩味的空间。

本书旨在明确指出城市造型的影响范围、部分与整体之间的"对话"，倡导在造型设计的多样化中组织造型设计任务，并在其影响效果中适当配置。在此，首先关注的是具体的单一议题，城市设计造型的"基石"以及设计步骤，这些"基石"嵌入整体的形态概念中，具有决定性作用，由此派生出其他东西。城市设计细部的美形或畸形，以及其成功或失败的配置，对我们的日常环境形象都具有非常特别的意义。

在理解细部之上去领悟整体，我们可以这样说，单一问题的解决方案已经包含众多显现问题，例如，尺度上的增大随后将带来更广泛且更复杂的造型设计任务。

我们还必须考虑在城市设计的日常实践中，以较少的造型设计来控制较大的城市设计项目。形态上的"精致作品"在各种各样的任务中就能控制整个工作领域。

细致扎实的细部造型设计，对于城市设计和谐的整体造型会作出必要且卓有功勋的贡献。本书所提出的案例和建议将试图倡导这种做法。

迪特尔·普林茨
（Dieter Prinz）

[①] Heinrich Tessenow（1876—1950年），德国著名建筑师。以德累斯顿-海勒劳（Dresden-Hellerau）"花园城市"闻名，倡导简洁、传统、工艺、人性化的设计。——译者注

第1章 城市设计与造型

1.1 导言

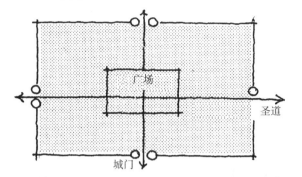

用途
形式
意义

地点与
时间

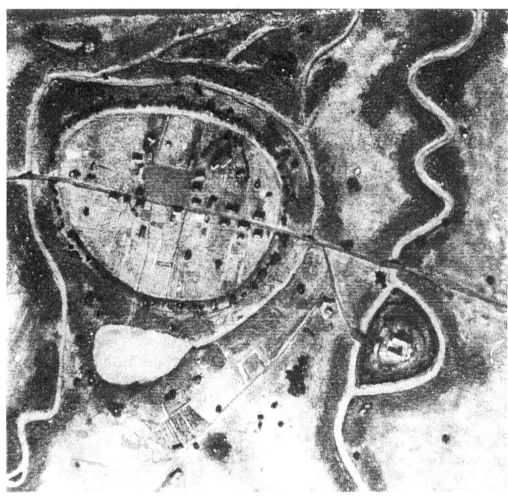

有规律的
无规律的

主路与
小巷

1.2 用途、形式与意义

一项城市设计的任务总以实现一系列特定任务和特质为出发点和目标。设计应当提供满足社会和功能要求的解答,同时也在城市景观或自然景观形态的保留或改变、通过局部限制或采用独特姿态改变整体形式等方面产生长远影响。

因此,造型对于人们可以细心关注或疏忽的设计并没有什么贡献,因为在成果中,无论造型好坏与否,它总是作为设计的可视化结果。设计往往引发一种必须对其后果承担责任的干预行为。无论功能特质还是美学特质都不能够单独创造一个令人满意、持久适用的设计解决方案。

功能上的持久耐用、经济和生态上的适宜、文化上的认同、对社会的责任感与必须造型在设计中结合起来,以使以上各方面在整体特征中对任务的意义及其由设计解决方案产生的影响进行适当的协商调整。

应当出现一种"实用的"美观性,这种美观性通过在设计对象或场所中能够感受到的氛围与个性化特点得到完善。

一幢住宅或住宅街区应当在组织合理、符合用途、美观、且适宜居住。具有共同社会任务的建筑或区域应当能很好地运行,既拥有不易混淆的形态,同时也应呈现出好客、有亲和力的特点。休憩与社交、教育或工作的场所都应满足各自特定的理性需求,另外还必须提供一种符合特定的情感期望及其使用动因的氛围。某些城区可能存在功能和形态上的缺失,但由于其环境宜人,还是会令人喜爱。

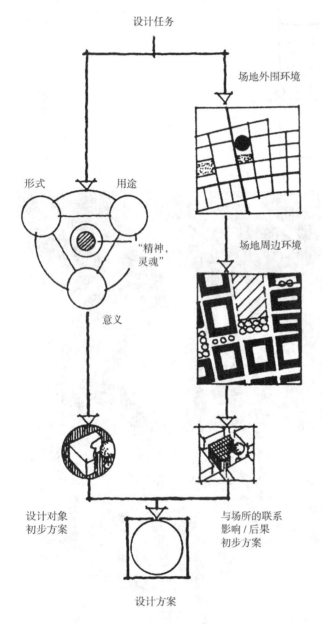

作为内容与场所间联系的城市设计方案/设计建构

案例"圆桌"

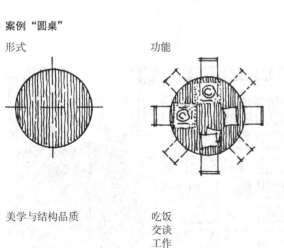

形式 — 美学与结构品质

功能 — 吃饭 交谈 工作

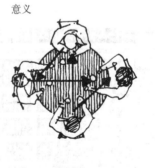

意义 — 无等级、朝向、不讲究社交礼仪的座次

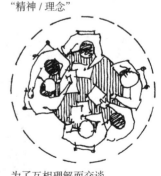

"精神/理念" — 为了互相理解而交谈

设计解决方案的质量（可接受度）依次呈现出（有意识或无意识的）感知和占据：

1. 我感知这个形态，首先从整体，然后是个性化的细部——同时让它对我产生影响。

2. 我愉悦地感觉到自己在这里，意识到自己在令人愉快的、适宜的环境中（或相反）。

3. 我在没有感到不安的情况下习惯了场所的现状，我感觉自己"像在家中"。

4. 这栋房子和这个地方使我产生逗留感和归属感，留给我愉快的印象。

在一项成功的设计中持久性和美观性同时也是互不相同的特征和体验，有用的特质、可视又易理解的形态，以及"灵魂"之间的和谐、相互配合的结果，这些都拼接成为一个整体印象。

感知的顺序和敏锐性

—实例

—从整体到细部

—从引人注目的"事件"到整体，到全景

—感知的同时理解一个城市设计的方案，从设计的基本轮廓到细部表达

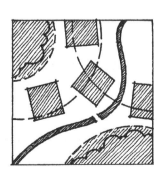  

1.3 场所、联系和灵感

除了满足用途外，场所——作为建设地块和规划用地——为城市设计提供了非常重要的前提，因为场所在其总体指标与特性中是所有设计思考的出发点和参考点。

场所的定性与定量特征、场所内可见与不可见的特征，对设计而言通常都具有深刻影响力。场所在土地上具有形态以及与自然要素相关的价值，地形与植被确定了其形象。向阳或背阳、温暖或阴凉、宽敞或狭窄使得每个场所都无与伦比。住宅、道路与广场的相邻关系、其尺度与韵律、其内在实体与外部影响、其严谨与热情都使每个场所与众不同。场所深刻影响着在此居住与工作的人们。场所中不同生活的类别深刻影响着其中的氛围，这在住宅及其周边环境的形态中，在私人和公共领域的使用中都极为明显。每一个场所都有自己的历史，包含了美丑的完整轨迹，用文化和文明的影响记录了它的经历和历史。

一个场所的特性根据类别与范围确定可以做什么，产生了可承担的责任与承载力的限制。对于良好造型的认真探求往往必须包括对规划后果的忽略，因为只有这样才能避免破坏。

对于一个场所的特性、价值及特质作出彻底敏锐的深入研究，是一个好的设计、一个和谐的造型不可缺少的前提条件。对场所深入详细的研究能够为设计赢得宝贵的推动力，从而能够轻而易举地得到有意义的、具有场所兼容性的答案——人们完全不必引入不适合该场所的理念。

园丁们常说："为了一株年幼植物的良好成长，人们应当总是给予最好的土地"。如此多村庄、城市与自然景观的异化、形态与识别性的丧失，其实并非因为准备不足或不够细致，而是缺乏对场所的尊重与好奇。如果没有对于场所很好的认识和关注，设计方案（和形态建构）必然导致方案随性而为，并且可随意替换，以及场所的面貌丧失。

造型特征的调查层级以及从概念范式到具体造型方案的发展

—示意图—

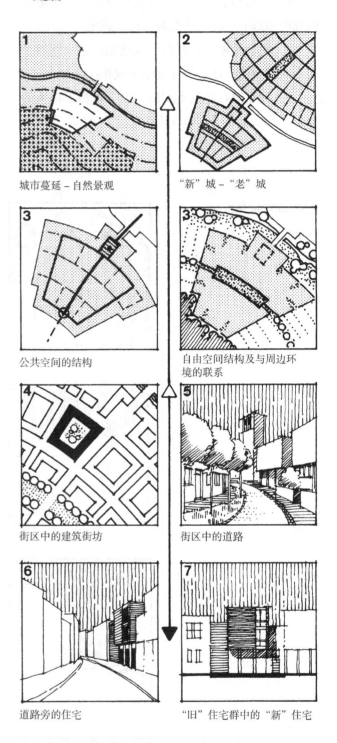

1 城市蔓延－自然景观
2 "新"城－"老"城
3 公共空间的结构
3 自由空间结构及与周边环境的联系
4 街区中的建筑街坊
5 街区中的道路
6 道路旁的住宅
7 "旧"住宅群中的"新"住宅

场所的特质、叠加的用途，以及其技术和形态的适当转换必须在设计中整合，相互充实并提升相互影响作用。作为设计的结果，应当不可以仅仅具有使用价值和形态价值，还应当具有思想价值。

1.4 形态建构的与时俱进性

如果说满足用途是设计公认的一个特征,那么,形态建构的与时俱进性事实上是一个引起冲突和激烈讨论的动因。

永恒之美的价值观念,对立于有限时段中的偏好以及"美的理念"。这里涉及的努力探索,一种应当从功能中产生形态"逻辑"的造型,其中的娱乐性以多种形式占据焦点位置。

对于造型工具的持久性与经济适用性的严谨要求,与引导性(甚至强制性)相互角逐,如何通过"实体"造型独具特色。由于原创性的永久约束,如何做到"与时俱进"的要求,很快就成为对一些设计师的过高要求,另一些设计师则被别人对他们的期待所束缚。

对于原创性的追求常常导致对于用途及场所联系的忽略,在思想和伦理上陷入"一切都可能"的随意性而为和可随意之替换中。

严格地拘泥于历史造型模版,影响"久经考验的"形式语言的保存和引证,这种情形尽管流行,但几乎没有比这更棘手了。尤其是在生活的真实性远远超过历史道具的情况下。

一个具有活力的城市总是位于发展和变化的状态中。因此现在只是过渡的状态。社会经济、技术、功能的前提条件以及需求的发展,改变了设计的目标要求,改变了场所的"本性",同时环境的造型必然成为不断变化的印象。

为了在价值和形式表达中塑造关注自然景观、城市和社会文化传统的形态,对评判-感觉的差异性和顽固性提出要求:诠释时代要求,敢于思考推动未来期望的有效性。

作为稳定状态、作为转变或突变过程的造型

形式语言的稳定状态,保存整体是有价值的
(如古迹保护)

根据相应时代需求,在永久的改造过程中加以局部变化

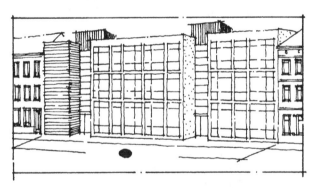

变化的范围与形式上的独特性占主导地位,
从根本上改变了现状

当造型需长期保持有效时,必须避免单调无聊;相反,当持久性及与时间相关的特征需要在造型中加以平衡时,造型刚好能够向美好的、永恒的结果发展。这种平衡的各种尺度,从详细的描绘或解释一直到有力的强调,只能从个体的任务和场所的特别之处中派生出来。

1.5 城市设计方案的空间层级和内容层级

城市设计任务的多样性和复杂性为设计提出了以下的明确要求：于哪一级空间层级（比例尺度），各种不同方案必须对应于哪些内容上的相互联系和时间维度——可能出现何种影响，以及必然出现哪些影响解决方案如何能够在方法论上得到发展并在技术上加以具体说明。

为了能够匹配具有决定性意义的关联性并确立由此产生的单一细部，逐步——从整体到局部——明确秩序特征并表达相应的观点和目标是有意义的。聚焦于本质核心，或者说聚焦于规划阶段中的结构性规划指标和规划观点，用不断具体化设计表达的更进一步发展，一直到细部层面——从单一到整体、联合体反馈的可能性——都是适用的。

形态探索的道路遵循设计进程的规律。首先应关注整体形态，"粗略"的形式及其本质特征。个别细部再进行逐步逐层地不断改进和具体深化。每一层级的秩序特征都必须加以强调，彰显且贯通的整体形态线条必须明确划分，同时确定相关规划指标有受到形态指导框架限制的必要性和可能性，并划定个体造型的玩味空间。

对于造型特征及其意义和影响的分等级关注和评价，对于必须与物质条件紧密联系的规划设计任务而言同等重要，就如同设计概念本身首先必须为了秩序和造型创造模版（也可参见上册3.1）。

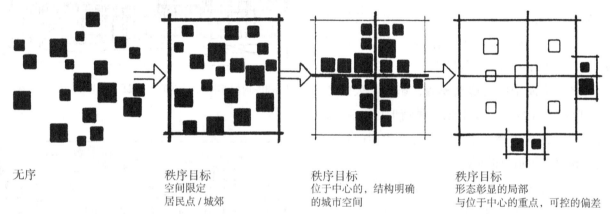

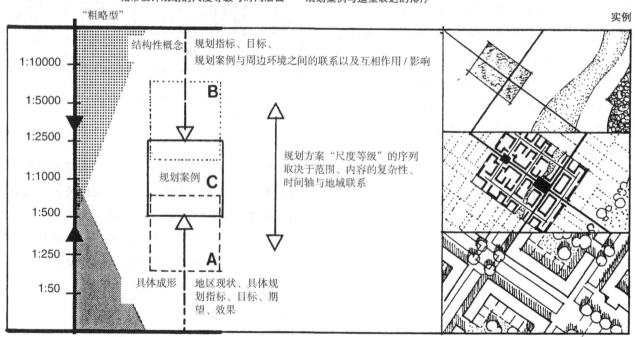

1.6 造型指标的分级

城市设计方案希望在各个规划层面均能达到一个确定的造型概念，却又因其权威性的要求始终处于社会和政治现实的尖锐矛盾中。

对造型"自成一体"模版的期望、对一份完整的深入细部的造型目录的期待，与它们对建筑设计的期望一样独具特性，必须根据事实深入研究，城市规划与城市造型是一项长期的过程持久的任务，这项任务不可避免遭遇往往只能模糊预测的前提条件转变和形态优先权转变。

可以大大发展那些关注本质，关注（运用所有重点）塑造整体外观的显性特征，造型概念并逐步推行的多样化控制原则（也可参见第33页、第34页）。

无论造型指标有无实现的机会，对（相关性）规划指标或活动空间进行意义深远的分层，并明确强调整体和相互联系部分在何种品质中意义重大、在何种波动范围中能够充分发挥形态上的开放空间，都是明智之举。

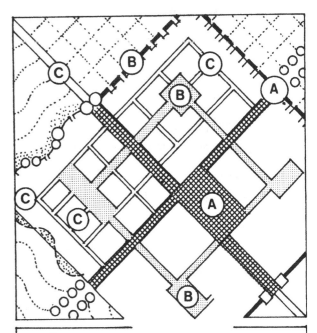

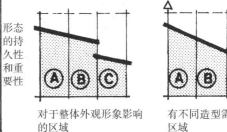 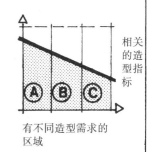

不同重要性和持续性的造型指标分级

—城市设计实例

—建筑实例、相关规定、个体造型的玩味空间

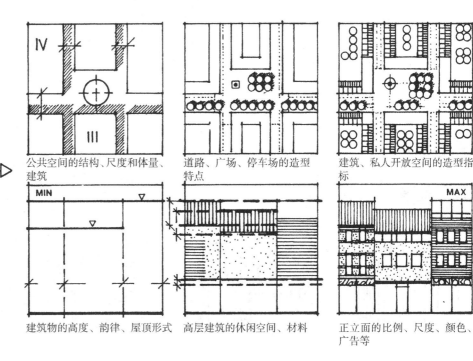

第1章 城市设计与造型　15

第2章 自然景观、场所与城市形象的现状调查与分析

现状的调查分析与设计遵循同样的方法路径。在各项任务的时空联系中对于设计议题量身夺造的研究或规划安排，是具体深化各阶段中关键内容定位的前提条件。在某种情况下，结构性特征非常重要。而在另一种情况下，当地的现状特性或建筑形式具有独特性，并将对设计和造型产生（可能的）影响。

基于现状的设计任务要求极其细致的调查作为基础，对于大范围、空旷场地的设计（例如对于城市扩展以及旧工业或旧军事用地的规划），则更要求结构性的发展轨迹考察（参见第14页）。

对于现状的调查和评估性考察，相当于相机的对象缩放功能，令人感兴趣的图像片断变化如同相机变化所希望看到的图片（信息）精度那样。

采用同样的"视觉精度"进行面面俱到的调查，要么导致杂乱而低效的信息堆砌，要么导致对于现状表面化的、掩盖实质内容的理解。

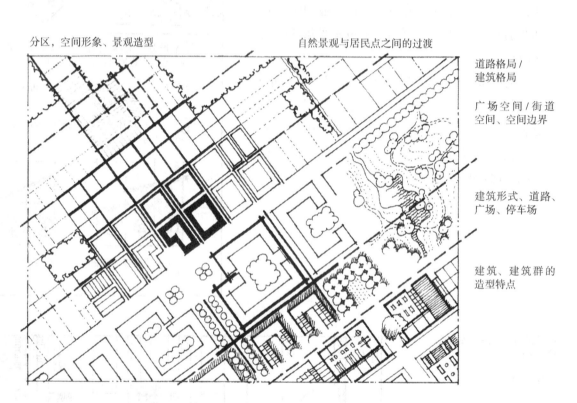

分区，空间形象、景观造型　　自然景观与居民点之间的过渡

道路格局/建筑格局

广场空间/街道空间、空间边界

建筑形式、道路、广场、停车场

建筑、建筑群的造型特点

在不同的（尺度）细化阶段对造型特点的调查和分析

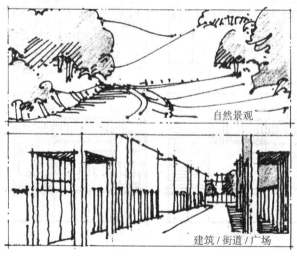

自然景观

建筑/街道/广场

自然景观/居民区

建筑/建筑群

2.1 自然景观形象的造型特点

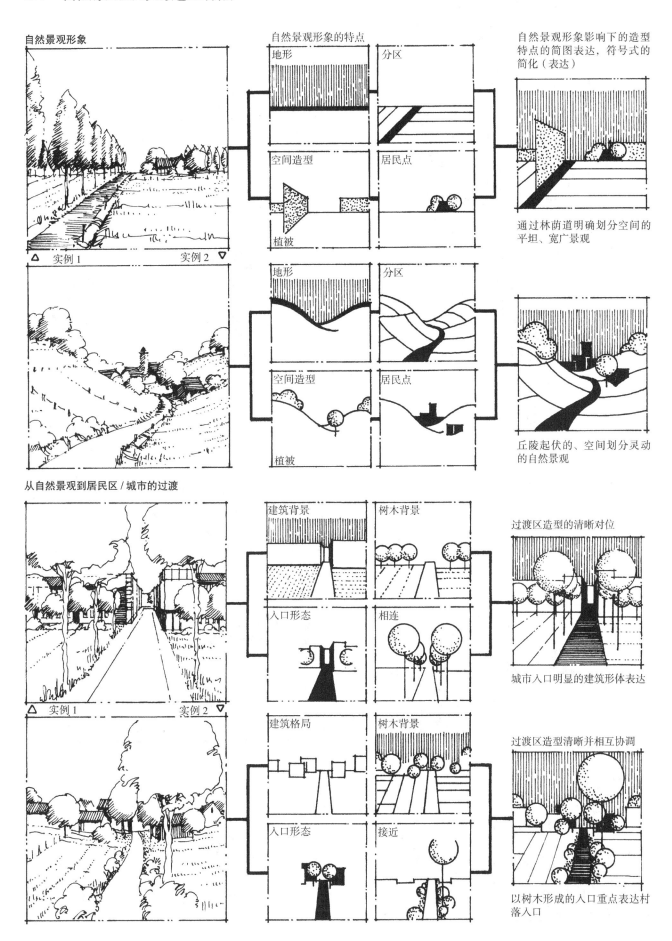

2.2 乡村形象与城市形象的造型特点

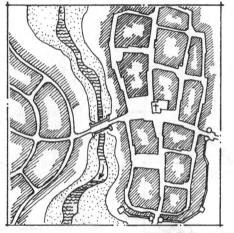

某城市平面图　　　　示意图

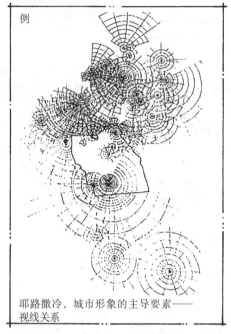

耶路撒冷，城市形象的主导要素——视线关系

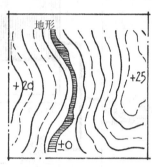
地形

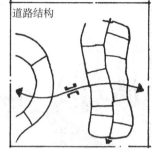
道路结构

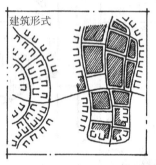
建筑形式

特征显著的道路和广场

造型特点同质区域

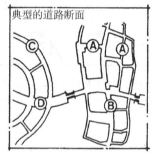
典型的道路断面

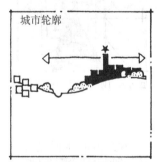
城市轮廓

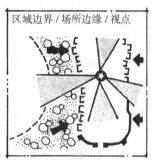
区域边界／场所边缘／视点

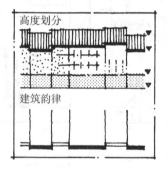
高度划分

建筑韵律

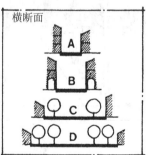
横断面

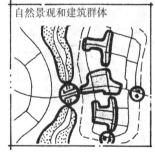
自然景观和建筑群体

历史建筑要素

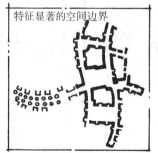
特征显著的空间边界

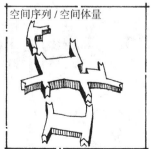
空间序列／空间体量

通过对场所特定现状特点的理解及其评价，形成城市设计的基础。信息的收集首先以尽可能调查全面的对象特征为目标。仅仅调查可计量的事实远不足以在整体中把握现状。一个场所的"内涵"、识别性及其在历史和现实意义中的重要性，首先通过对自然景观形象的构成特点和城市形象的构成特点的调查、研究和评价而得以展开。

因此，对当地个性特征的把握，在于哪些内容使之呈现显著的美观、平常或丑陋，同时在形态协调或对比中展现出典型性与特殊性。

城市形象、乡村形象、自然景观形象，截然不同的造型特征实例

—开敞的、具有亲和力的自然景观形象
"建筑物"与自然要素随意无拘束，置身于和谐、宜人的相互关系中。

—历史性印记彰显的乡村形象
建筑的统一形态，细部和材料的细微差异，灵动的空间形象，建筑物、开放空间和植被间的和谐联系。

—具有典型时代特点的封闭式城市街道形象
统一的形式原则下的建筑造型，按照节奏连续的空间墙体划分，均衡的空间比例；简洁的、功能性的街道造型

—小城市的街道形象
建筑和街道形象的不同造型特点，对比与造型的断层为主，不同时代造型表现的杂乱并置形成了（当地）的外观形象。

—小城市的"市场"景致
拥有宜人的城市空间形态，并且保留了具有宜人比例尺度的历史建筑场所，却明显被粗糙的、尺度不佳的新建筑和改造建筑所破坏。

第 2 章 自然景观、场所与城市形象的现状调查与分析

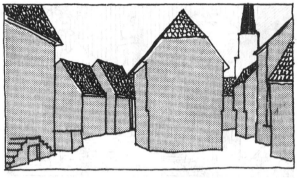

有关造型特点的研究不应仅局限于外观形式。否则这些考量会仅仅停留在表面，而关于形式与功能，形式与意义的重要关系将难以把握。造型特点出现的时间越久远，这种"表面性的"城市形象分析方法的风险就越大。要了解形式性与结构性的内容，必须在每个典型时代中加以探究。如果一个地方性或历史性特征明显的建筑立面仅被理解为立面的形式化的肌理，村庄和街道的形式仅被理解为形象，那么当这些遗存下来的形式要素转换为明日的规划和建筑秩序与造型原则时，这些做法将不仅是盲目的，而且是危险的。这种造型方式所追求的连续性只能实现"布景化"的效果，布景之后全然不同甚至相互矛盾的内容则必然被"隐藏"起来。

场所就地识别性的认识和理解还可以阻止产生基于普适化造型观念的规划产品，这类规划会导致真正应该保护和改善的内容变得整齐划一。

如果说规划都应致力于基于现状对象的继续发展，那么就尤其需要关注造型（问题）。在那些外观形式令人不满的地方，任何变化应该谨慎，因为美与丑都共同意味着场所识别性。

城市形象的研究成果是一项必要的基础（成果），以此可以保护和重现客体对象和场所状况，并作为建筑历史与城市历史的印证。城市形象分析所得出的信息，可以为关注现状并按照时代内涵加以继续发展的规划提供详细的造型导向。

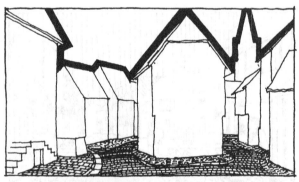

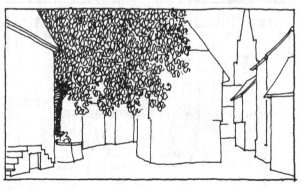

城市形象分析的过程也能够——作为逆向过程——得以应用，通过在设计中概括出基本的造型特点，然后作为程序性的陈述纳入造型概念、控制引导性规划或法规条例中。

物质形态的现状调查使现状描述，源于"客观性"的现状，并产生"客观性"的结果。与之相反，对非物质形态规划目标的调查和解释，例如调查一幢住宅或道路形象的造型质量，则包含大量主观性及时代性的价值表述。

城市形象分析，不仅包含住宅、广场、植物（根据美学尺度判断）给人怎样的印象这一类问题，还包括其可能具有何种意义，当地居民与其日常环境中的事物如何关联等问题。分析的结果会因此表明，人们的情感关系（正是）以这些在美学评价中不佳甚至消极的事物为基准。

对于一项城市形象分析的评价意见具有相对的客观有效性要求或期望，（这是由于）评价意见不能脱离时代的价值尺度影响评价。

在短时间内"时尚品味"自身会在一定范围内变化，（从而）导致过去的（那些）决策在今天无法理解。

实例：不同意义的场所

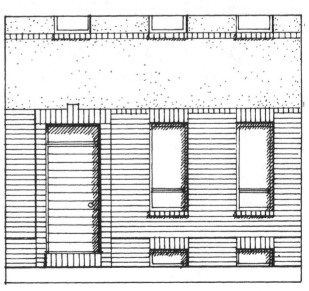

实例：随时尚品味变化的住宅立面造型

2.3 理解和分析造型特点的图像资料

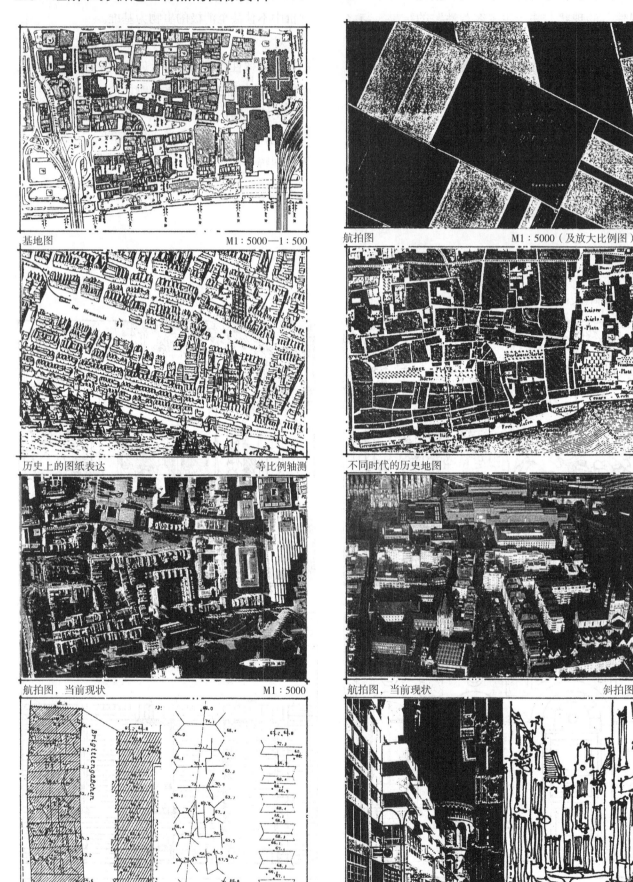

基地图　　　　　　　　　　　M1:5000—1:500
航拍图　　　　　　　　M1:5000（及放大比例图）
历史上的图纸表达　　　等比例轴测
不同时代的历史地图
航拍图，当前现状　　　　　　　　　M1:5000
航拍图，当前现状　　　　　　　　　斜拍图
高程图，航拍测绘
照片记录/关键特征的速写

2.4 街道空间的造型特点

多种感受共同打造了道路广场和公共空间的形象,这些感受实际上不仅由形态特征,而且由各种活动、声音以及其他环境特点共同确定。

要把握道路广场的造型特点,仅仅关注空间的、形式的特征本身是远远不够的。美学特征和环境氛围印象的共同作用应受到关注,而它们分别在整体印象的作用意义也应该被考虑。

公共空间的"生命力"在于持久不变与不断改变之间的共存或对比。

作为活动场所的公共空间

人们的注意力常被引向活动轨迹。人们与车辆的活动不断"形成"变化且几乎无法重复的连续形象。

空间形象和街墙形象的形式特征

公共空间形象的整体性与持久性,对象典型的、私人化的建筑形象序列在总体印象中相互影响。

整体的统一性和个体的独特性共同决定整体特征。

作为逗留的场所,作为熟捻事件和惊诧事件的场所—经历和记忆。

街道空间的造型特点

乡村道路　　　　实例

住宅毗邻道路空间

住宅与道路之间的"柔性"过渡

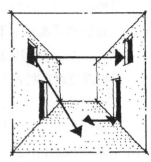

相互关联,成为形态和环境中的活动空间　　　公共性和私密性(空间)之间的交流与联系

使用者/观察者的感知　　　道路的识别性和非混淆性

城市街道　　　　实例

对界定空间的建筑进行不规则分隔的道路空间

具有明显的线性展开和纵深感的道路空间

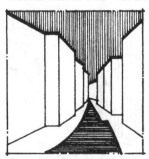
生动的视点序列,由建筑物立面形成道路走向

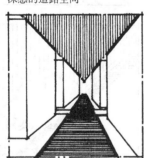
生动的视点序列,由建筑物立面形成道路走向

　　道路和广场的形象——即公共空间——是理解和描绘乡村形象、住区形象、城市形象典型造型特点的关键。这些形象表明,对于市民而言,其共同的生活空间的外观形象维护以及作为文化价值予以关注是否具有重要性。

　　对于建筑群体重要性的认识表明建筑单体造型的可能性和局限性。建筑文化和城市文化之间的相互关系无法割裂。

　　因此,关于道路广场造型任务的工作应始终——在评价分析和设计中——把空间构成、用地构成、单体要素造型的整体形象作为关注对象。

街道空间的造型特点

道路断面，道路长、宽与两侧建筑高度的比例

道路被行道树分隔

空间序列，线性道路空间，韵律节奏/空间段落

空间序列，不规则分段的道路空间，生动的空间段落节奏

两侧建筑边界（形成的）清晰的、贯通的形态

在尺度和纵深梯度中变化丰富的空间边界

乡村道路　城市道路

具有宽度变化、高大乔木以及显眼的单体建筑作为视觉焦点的弯曲的道路线性

通过树木强调广场的开阔，显眼的建筑物作为街道路径中的"事件"

街道空间的比例和尺度

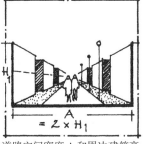 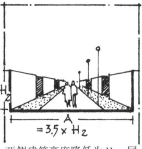

道路空间宽度 A 和周边建筑高度 H_1 之间的协调比例

两侧建筑高度降低为 H_2，同样宽度的道路空间，空间形象不理想

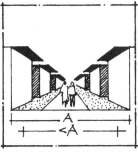 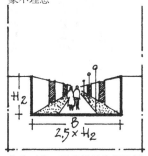

明显的屋顶出挑使人产生道路宽度变窄的印象

作为对比：以当前的协调比例收窄道路宽度

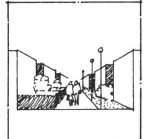

过渡带空间的有效补充改善了城市形象，使尺度更为精细，形成了令人愉悦的形态层级

建筑和道路流线中的明显转折对于道路形象有着明显收缩的影响作用

 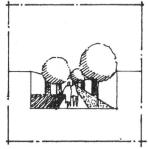

树冠的体量改变了道路形象，产生宜人的封闭性印象，使人感觉道路空间宽度减少

第 2 章　自然景观、场所与城市形象的现状调查与分析

道路外观形象的形态影响因素——感知的不同层面

(参见第11页)

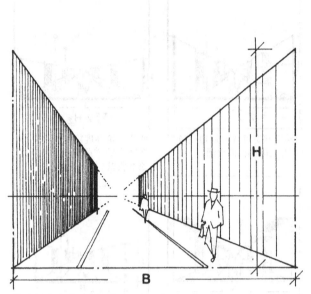

作为形态确定因素的道路宽度、高度以及(无限远的)纵深

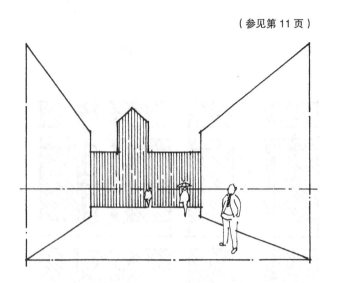

在纵深上作为对景的建筑轮廓会明显影响外观形象

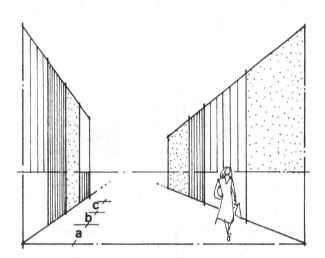

具有缩短和扩大效果的建筑立面划分以及节奏韵律

"目高"视野内的"事件"丰富了道路形象(参见第60页)

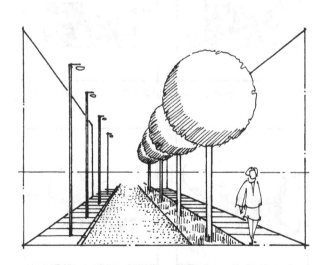

行列式的树木和灯具,道路地面的划分影响了对街道空间的纵深和宽度的印象

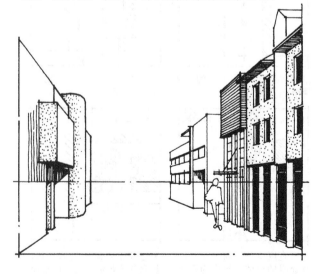

建筑物的不规则形式、结构和色彩为街道形象留下深刻印记

2.5 建筑的造型特点

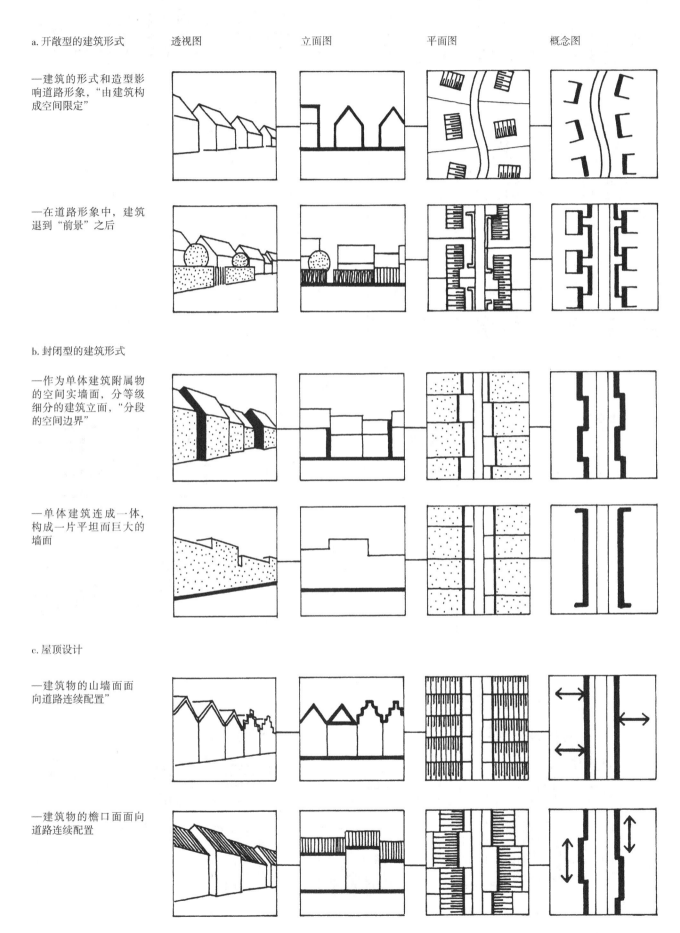

d. 建筑物的建筑方式造型

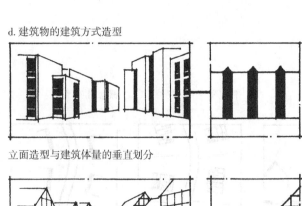

立面造型与建筑体量的垂直划分

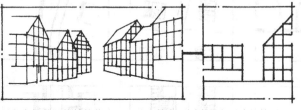

无方向性的网格结构作为立面造型特点，同类的方形建筑体量

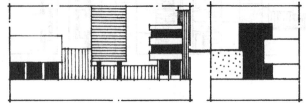

方形建筑形式，垂直和水平建筑形式的变化

立面图　　　　　　　　　　　　概念图

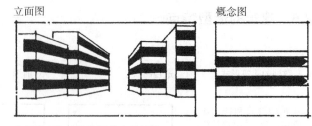

立面造型与建筑体量的水平划分

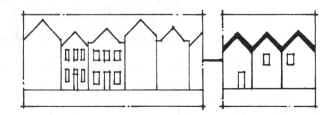

具有共同特征的同类建筑体量的重复

多种建造形式组合的沿街立面，在尺度、材料与建筑细部上的强烈形式对比

—立面造型的基本形式
　A."门（窗）洞式立面"
　　平面化的、封闭性的墙体为主
　B. 格网状立面，或骨格状立面
　　以结构与色彩划分立面

—立面造型的材料
　—实例—
　A. 立面粉刷平整的表面
　B. 构造性的具有饰面的立面

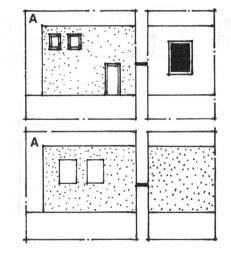
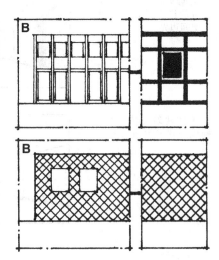

e. 某住宅正立面的造型分析　　侧面外观　　立面造型的特征　　　　　　　　　　　（对）典型造型特点的总结

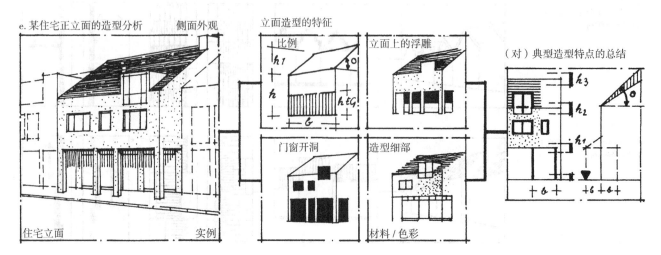

住宅立面　　　　　　　　　　实例　　　　　　　　　　　材料/色彩

28　城市设计（下）——设计建构

第3章 城市造型设计的总体建议

城市造型设计的本质首先在于，在现状中整合新内容并以某种方式改变现状，而新的任务则在于不要被其所"生长"的关系所淡化。这意味着造型必须以自然景观、场所的规划需求为出发点——深入研究客体对象的功能和概念内涵——必须对具体提出的问题做出具体的回答。与之相反，从"孤立"的自由意识中产生的造型作为随意且不相干的结果呈现，从而难以成熟。

城市造型设计同时也意味着，对方案在时间上的有效性和兼容性承担责任。为此，自谦和耐心是必要的。一个好的城市设计成果将使新事物自然地融入它的环境，仿佛它早已存在那般。

城市设计是关于过程的概念，这意味着巧妙划分哪些地方需要具有法律效力的造型规定许可，哪些地方只可能提出宽泛性的导则，或必要的开放性的"操作空间"。

造型也不仅是一个技术上和艺术上的能力问题，还是一件关乎观念性和包容性的事情。（也可参见第12～15页、第34页、第36页）

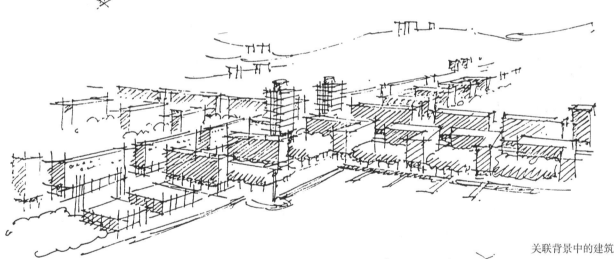

总体性的特质

最小的造型需求　　　　按需扩张

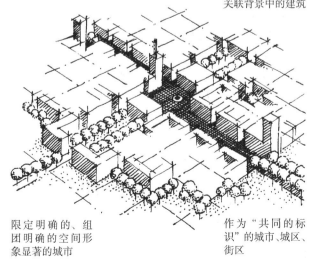

关联背景中的建筑

"一座城市……如同一个构成物，一半像源自造型外观的艺术品，而另一半像一棵植物，从其外界环境中获得它的生长法则。"（Fritz Schumacher）*

限定明确的、组团明确的空间形象显著的城市　　作为"共同的标识"的城市、城区、街区

---

* Fritz Schumacher（1869—1947年），德国著名建筑师、城市设计师。——译者注

3.1 造型与秩序

在城市设计/城市造型的关联背景中，秩序概念首先对应于以下观念，即将各式各样的不同要素相互结合，以便找到一个功能合理、适应任务及场所要求的解决方案。

秩序同时也是一个重要的造型工具，它（从城市平面大尺度的结构性分区到设计对象的造型设计方面）以尺度关系、比例和结构形象来表达。

对于功能性和形态性秩序的追求首先具有配置与布局上的重要性，其可以提出对现状的衍生与变化，或者针对新的独立事物提出造型概念。作为造型手段，秩序能够在几何形式的规则性或流畅的（不规则的）自由线型和柔性的形式中获得印象，或者在几何规则形式与自由形式的相互作用中获得印象。秩序的目标永远以线、面、体的组合体现出平衡与和谐。

秩序配置与布局用于造型用途及感知影响。因此，必须特别警惕设计工作中出于美学影响或权威的自我表现而导致（纯）形式化的秩序原则位于主导地位。

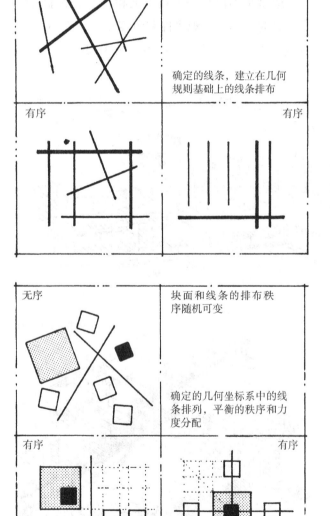

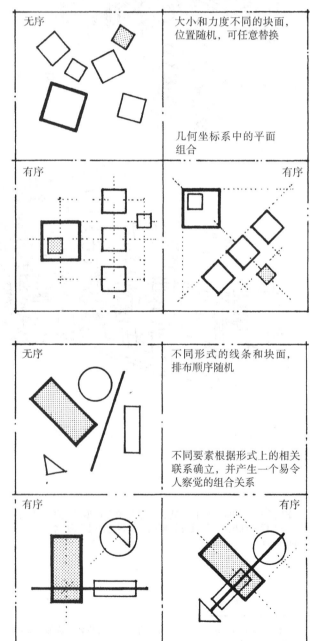

| 造型与秩序 | 例 |

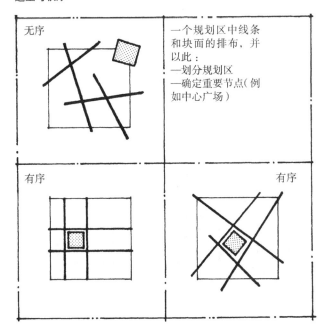

无序 / 有序 / 有序
一个规划区中线条和块面的排布，并以此：
—划分规划区
—确定重要节点（例如中心广场）

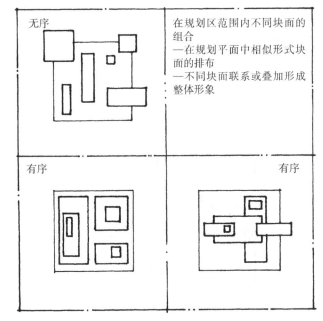

无序 / 有序 / 有序
在规划区范围内不同块面的组合
—在规划平面中相似形式块面的排布
—不同块面联系或叠加形成整体形象

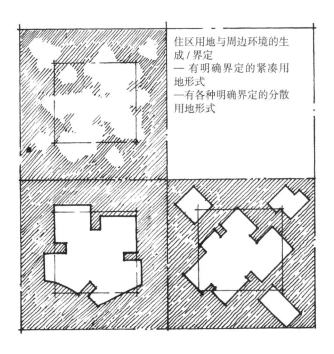

住区用地与周边环境的生成/界定
—有明确界定的紧凑用地形式
—有各种明确界定的分散用地形式

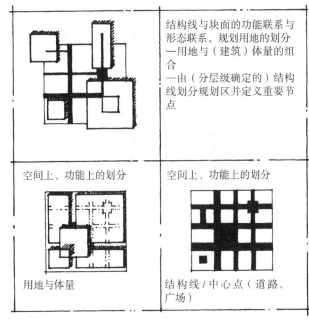

结构线与块面的功能联系与形态联系，规划用地的划分
—用地与（建筑）体量的组合
—由（分层级确定的）结构线划分规划区并定义重要节点

空间上、功能上的划分　　空间上、功能上的划分

用地与体量　　结构线/中心点（道路、广场）

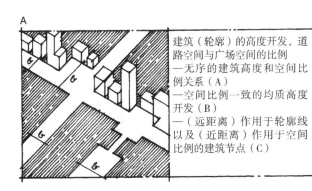

A

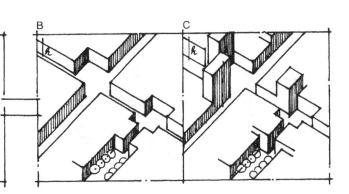

B　　C

建筑（轮廓）的高度开发，道路空间与广场空间的比例
—无序的建筑高度和空间比例关系（A）
—空间比例一致的均质高度开发（B）
—（远距离）作用于轮廓线以及（近距离）作用于空间比例的建筑节点（C）

第3章　城市造型设计的总体建议　31

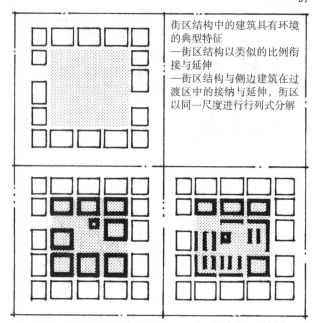

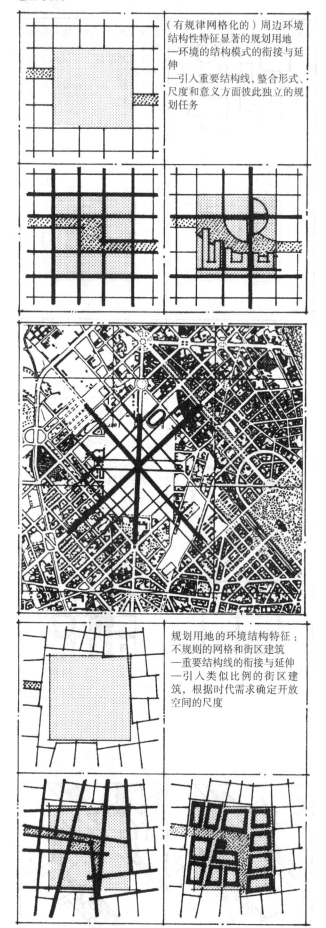

一座城市的形象，经过过去百年甚至千年的发展，经历改变、破坏、重建和改建的漫长过程，在文化、社会与文明中留下深刻的时代印记。与之相应，城市形象的特征由于各种造型原则的并存以及变革带来的"未加造型"、混乱性和自发性得以呈现。城市形象独特、吸人入胜和招人千里的原因在于其形象上的、历史线索和未来特征的多样性和对立性。

因此城市造型总是意味着，在历史和空间上印记深刻的秩序和造型模式中"进一步编织"，在深入考虑的同时勇敢地确定与场所、社会需求、文化价值观一致的造型。

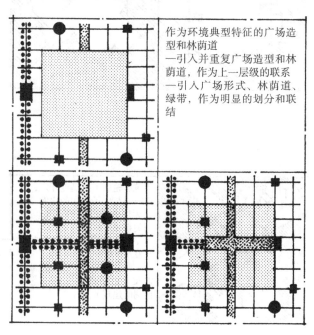

造型与秩序

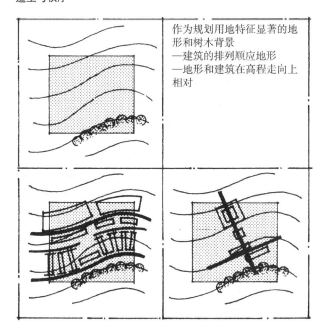

作为规划用地特征显著的地形和树木背景
—建筑的排列顺应地形
—地形和建筑在高程走向上相对

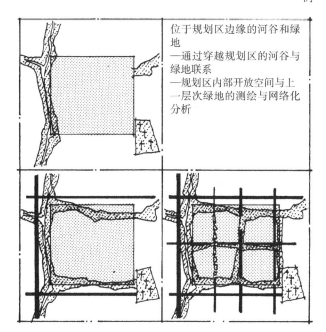

位于规划区边缘的河谷和绿地
—通过穿越规划区的河谷与绿地联系
—规划区内部开放空间与上一层次绿地的测绘与网络化分析

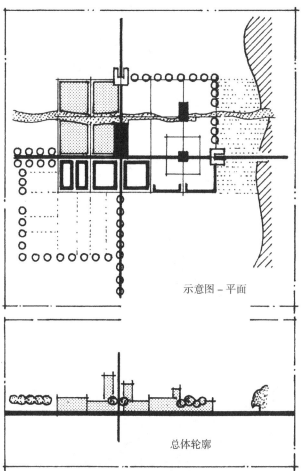

示意图 – 平面

总体轮廓

理想化的城市平面—城市造型的总体目标

城市造型——关于城市造型的任务范围以及城市形象显著特征的概览

城市、城区的空间组织

城市、城区、住区的独特性—整体及其局部的形象

城市形象明显的轴线与广场空间

城市开发的道路、广场和空间序列等级中的识别性和方向性

城市建筑的功能、造型和意义的一致性

城市边界的清晰性、城市与自然景观间过渡区的清晰性

造型与秩序

基于一般秩序观念的造型，为实现封闭的造型目标，会遭遇来自"无序的"现状或者个人强烈造型愿望的阻力。同时，一个基本的问题在于，封闭的造型概念观是否总是具有充分理由，且合乎场地和时间。

迫于现实的压力或者作为概念性的途径，寻求一个开敞的造型形象是正确而且可行的，这意味着形态需求与形态干预集中在：

——片区、轴线和节点，给予场所整体性的——无论向内向外——明确的形式和识别性；

——居住用地的空间划分，将异质的造型多样性在围合的区域中进一步整合；

——限制对整体轮廓具有干扰影响的建筑物；

——为了保护自然景观与自然景观形象，保护居民区保持的边界。

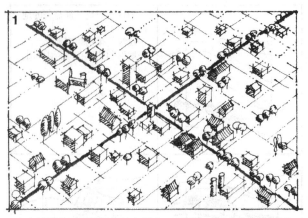
一个有异质造型特征的住区实例——无序的、无造型的

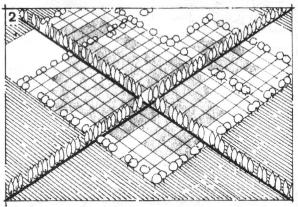
造型目标：住区用地扩展的明确边界，住区与自然景观间过渡区的造型，居住用地的空间划分

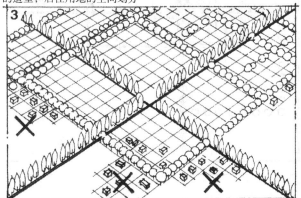
造型目标：阻止住区越界，针对主要开发结构的整体性造型考虑

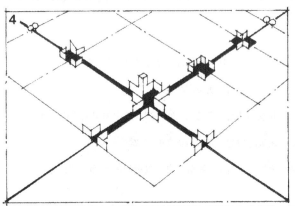
造型目标：入口处和中心的公共区域塑造为具有标志性和导向性的节点

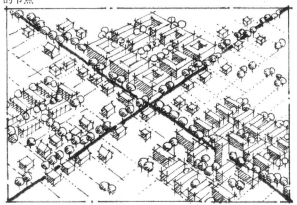
实例：建筑结构截然不同而又无相互联系的住区

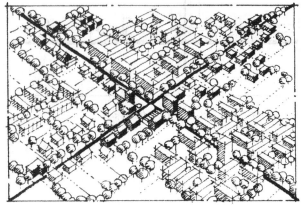
实例：建筑的补充，相互联系的共同要素的造型提升

3.2 造型原则

造型原则 I	造型原则 II	造型原则 III	造型原则 IV
规则的 几何式的形式语言	不规则的，有机式的 形式语言	"形式逻辑" 造型目标：以最少的成本满足功能要求，逻辑形式完美，同时具有最好的美学造型、也是结构特征和造型特征的延续	"艺术形式" 造型目标：造型作为意义的载体，由用途、意义和"艺术化的"诠释呈现出游戏一般的外围印象，作为时尚的明证，作为感性的形式趣味，当然这可能正好相反
		—客观的—	—主观的—

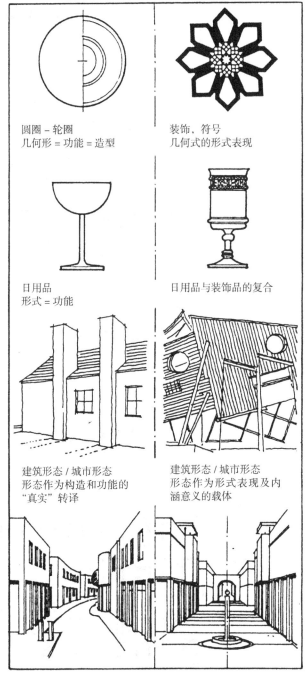

3.2.1 造型原则 1

—规则的几何式的形式语言

几何形式的体系演化	
比例关系的秩序规律（例如对称）	
面的可分性，等比例，按比例缩放	
线与面的排布	
相同或相似的面的排布	
水平和垂直的线或面的体系一致性	

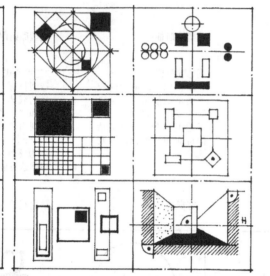

布雷斯劳（Breslau, 波兰）Tauentizen 广场的几何、对称联结

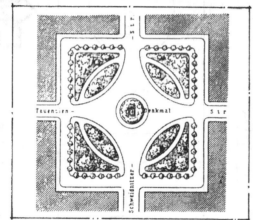

巴塞罗那 Sol 广场清晰的几何形式对称式的基本布局，细部上的微差

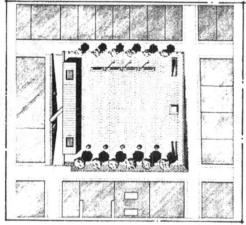

在规则的（秩序）网格中的建筑形式类型，系列的、可更换的建筑形式

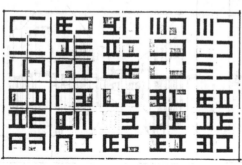

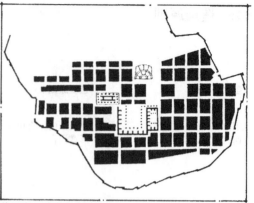

普里内，希腊古典时期

柏林，Friedrich 城，1870 年

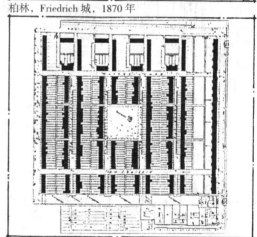

法兰克福，Westhausen（局部），1930 年

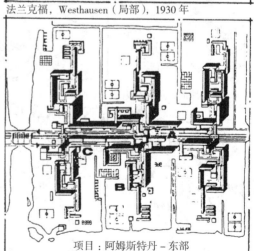

项目：阿姆斯特丹 – 东部（Bakema, v.d. Broek）

36　城市设计（下）——设计建构

—规则的几何式的形式语言

规则的、依据几何法则设定的秩序模式所标记的城市结构和城市形态的演化途径，作为实现用途、造型设想与宗教意义之间的联系，在早期的住区形式和城市形式中早已应用，其特征在于功能适宜的城市平面、优美的城市形象以及富有生气的城市环境多样性。

这种秩序模式同样也应用于在技术与商业视角看来快速开发的土地和城市，这种开发却常常不顾及场地现状、场所特质，以及造型要求。

另一方面，几何秩序的美学品质导致造型设计偏向于追求平面图或总平面的图形效果，这些图纸设计内容的三维空间现实性转换（往往）被形式化地固定下来。

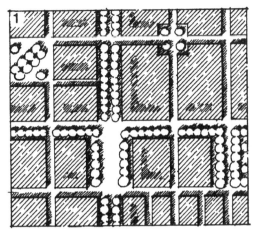

规则的城市平面

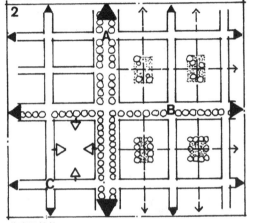

道路网结构

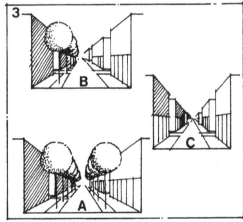

道路空间 – 比例

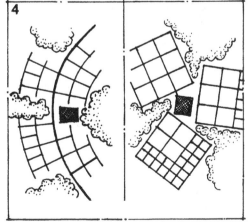

各种几何形的城市平面

广场造型实例

1. 实例，规则的城市平面道路广场的功能与形态差别
2，3. 道路网结构，道路的功能与空间等级
4. 多种符合场地形式的几何城市平面
5. 建筑与广场用地造型特征的相互作用

清晰性、可读性、合理性是规则的、几何确定的秩序模式的显著特征。各个尺度层面（从整体到个体）上的结构和形式的逻辑发展，能够适应和变化的能力所提供的应用范围，涵盖了从开敞的自然景观用地划分到高度复杂的城市平面组织。

一个系统化秩序的特性不仅具有所有按照用途解决功能性任务的优点，而且还可以作为高水准造型的良好基础。三维空间的诠释以及细部造型可以将规则式的基本格局浓缩为合理性、形式明确性和表现力之间的确凿联系。

第3章 城市造型设计的总体建议 37

3.2.2 造型原则 2

—不规则的有机式的形式语言

感性与理性的对立		
"自然"形式的引入与遵循		
视线、形象的变化序列		
线形"流畅地"依据"运动走势"		
空间形象的变化序列		
变化的空间比例／空间边界		

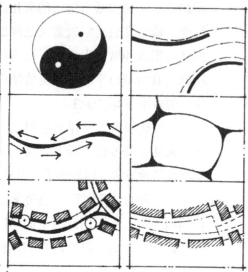

具有变化的空间形象且视觉纵深的有限道路形象

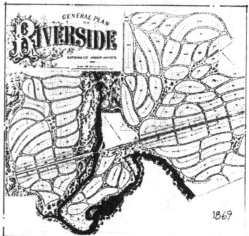

1869

英国风格的公园

1914

具有流畅的、不规则线形和用地形式的广场造型

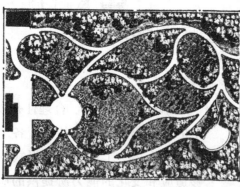

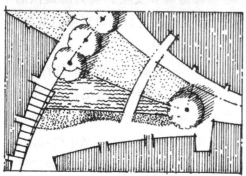

埃森（Essen）"玛格丽特高地（Margarethenhöhe）的平面图

1955

38　城市设计（下）——设计建构

—不规则的有机式的形式语言

不规则的形式语言表明不受几何式造型规则的约束，意味着线形的走向、体量与空间的自由组合，这种组合要么由特别的规划任务内容所确定，要么遵循场所和场地的现状。它是由多变的、令人意外的、看似偶然的形式与空间要素所构成的轻松的联系。动感的线条、流畅的过渡、"硬"和"软"的相互碰撞，呈现"感性"的特点——与规则式造型的理性严格形成鲜明的对照。

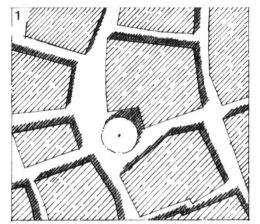
不规则的城市平面

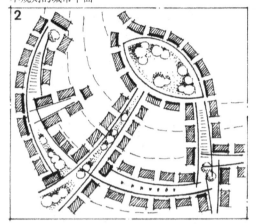
在具有动感的场地中的住区

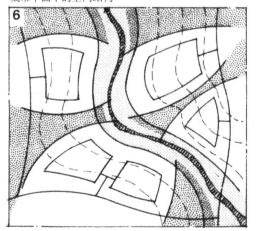
城市平面中的空间结构

自然景观背景中的建筑用地布局

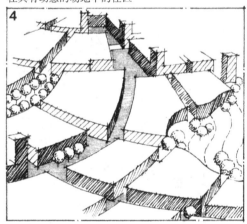
乡村道路

城市道路

1. 城市平面，富于变化的道路走向和空间比例的划分
2. 城市住区，遵循地形，有不同的空间形式和空间序列
3. 乡村道路形象，具有生动的空间形象和视点的序列
4. 城市道路与城市广场的格局，不同的比例和形态
5. 城市道路形象，具有变化视点和方向的空间序列
6. 住宅建设用地的造型与自然景观的物理性和美学性特征协调

注：基于不规则造型原则的设计务必用模型进行工作及验证。

对自然形式多样性的探索可以借助"有机式（造型）"的概念来表达。接近自然形式的价值取向时常将这些造型原则与世界观联系起来（自然作为兼具美观性和功能性的典范）。

不规则的形式语言独立于意识形态基础，为引人入胜的、丰富多变的造型提供了很大的可能性。如果造型方案从对当地现状的调查和解读中发展出它的形式，那么这种造型方案是最令人信服的。显而易见的是，这种造型原则可以带来和谐的设计结果，尤其在具有自然景观背景的任务中。

3.2.3 造型原则 3

—从（周边环境的）空间"逻辑"和功能格局出发的形式探求

—无（特定的）造型要求时，形式遵循一些理性要求，如以顺利的地产销售为目的的地块开发需求 (A)

—形式考虑周边环境的显著结构特征，并将此反映在规划区中，根据规划任务要求及符合时代的造型观念进行协调并加以诠释（B）

（参见第 32 页）

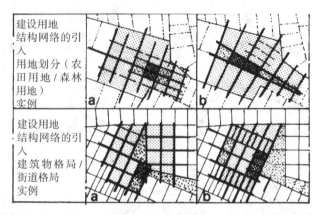

建设用地结构网络的引入
用地划分（农田用地/森林用地）
实例 a b

建设用地结构网络的引入
建筑物格局/街道格局
实例 a b

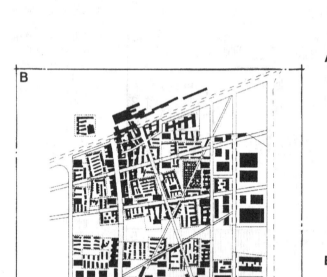

维也纳 Aspern 机场建筑物布局：Lainer

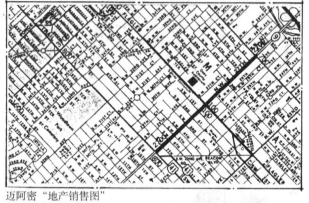

A 迈阿密"地产销售图"

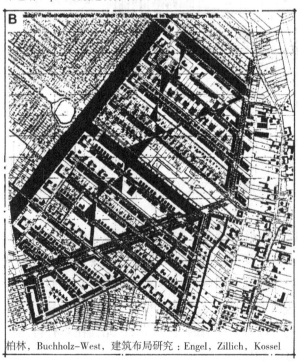

柏林，Buchholz-West，建筑布局研究：Engel, Zillich, Kossel

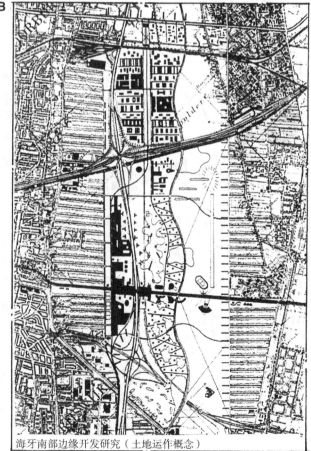

海牙南部边缘开发研究（土地运作概念）

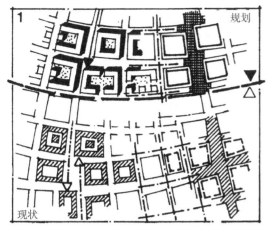

结构性特征：建筑形式、道路／广场（空间导向、比例）

结构性特征：用地划分、道路走向

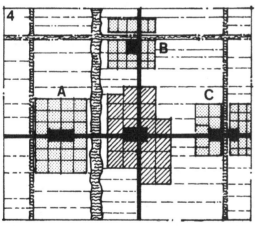

结构性特征：现状场地、道路／水面走向、用地划分

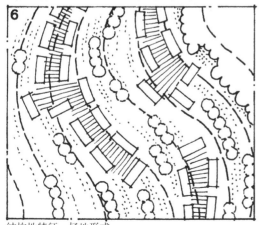

结构特征：场地形式

根据用途、道路和水体的走向、建筑物布局结构、地形和植被进行的用地划分，为规划区及其自然景观环境、居民区平面或城市平面塑造个性化的结构模式。通过对这些现状特征的分析可以发现，对场所而言有哪些共同的、相互联系的内涵。这些内涵可以区分功能性的、造型性为主导的持久性（刚性），以及可变的、次要的（柔性的）结构性特征与形态特征，并相应地研究其在规划中的重要性。由此改建或扩建的新事物被引入到对现状对象的"编织"之中。

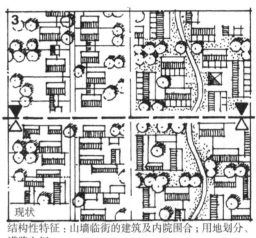

结构性特征：山墙临街的建筑及内院围合；用地划分、道路空间

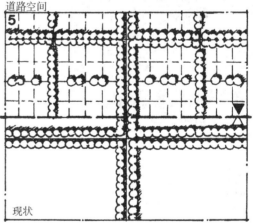

结构特征：具有树列的道路、林荫道

1. 对于现状结构性特征与形态特征的调查及具有时代性特点的解读
2. 结合当地典型的用地划分格局，以此作为乡村用地扩展的基础——居住区——
3. 结合当地典型的建筑物布局形式特征、道路空间划分用地的形式特征。
4. 对于用地扩展的选址建议——对于结构特征、形态特征、用地划分、支路、水流的结合
5. 种有行道树的道路的调查与延续，作为分区和造型的出发点
6. 规划用地的地形作为确定建筑布局与开放空间造型的形式基础

现状的调查和解读以及对规划的推演，不应停留在"表面——形象"限制中。这一着眼点还必须适应社会——经济的结构性特征，适应于传统，适应于具有时间印记的聚居形式表达。如同可视的物质结构要素一般，非物质性特征的"编织"也会明显的在造型上受到场地特征的影响。

3.2.4　造型原则 4

—装饰性的形式语言，作为内涵表达的"艺术形式"

装饰作为形式多样性和和谐性的表达 对称作为主导性的秩序原则	
几何形式的系统性与美观性 视线聚焦在重要的目标点上，中心点居于主导位置，各边保持平衡	

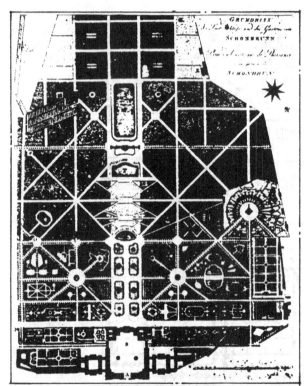

装饰形式的多样性、以轴线和对称的秩序形成的强有力的放射感，呈现出美学上的吸引力，同时也具有不同寻常的象征力。它们超越了用途和形式的关系，通过建筑物、城市平面和公园的造型，将场地的内涵或推动力的内涵确立于前景之中。如果装饰性造型是神秘、感性且令人轻松愉快的话，那么如此强调轴线和严格对称的布局设置则是对力量、人类驾驭自然的能力、对社会的统治力、对非常规力量的突显。它是基于集权和等级秩序的（城市）阶层化时代的形式语言与符号语言。

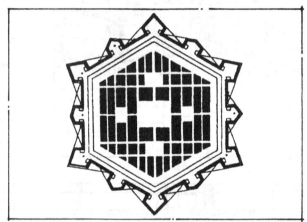

文艺复兴时期的理想城市

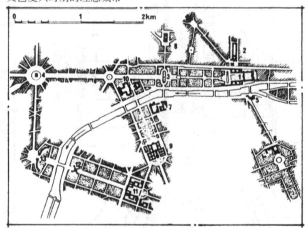

巴黎，中轴线与穿越塞纳河的横轴，1800 年 12 月

维也纳，Schönbrunn 公园，17 世纪

柏林，König 广场，　　　　　　　　　　18 世纪

装饰和对称作为轻松的造型手段并可能找到对应的关系。形式上的激情与象征性的大手笔所划定的界限在与推动力和时间条件的冲突中很快被逾越，如同所谓的形式主义已经显示出某些后现代的造型特点一般。

3.2.5 造型原则 5

基于一定意图 – 或由必要性形成的造型

—从属于环境

—以对比方式表达的一定内容条件或时间条件下的独特性

隐于低洼谷地中、由毛石堆砌，建筑物的形式仅取决于使用何种材料及为何目的而建。尽管没有刻意的造型设计意图，简单的屋舍也呈现出与周边环境的和谐之美。

一个立方体造型的建筑截然相对实体，底层架空，浇筑可自由塑型的材料，对立于场地的柔性形式而建。对制造建筑与场地间的紧张感是这种建筑造型的意图所在。

散布在开敞型自然景观中的住宅，仿佛在树下找到了庇护。低而且深的屋顶挑檐溶入了周边绿化中。从整体外观来看，造型基于"直觉的"意图而设立自己的从属角色，并面对广阔的周边环境"掩藏自己"。

从相同形状可相互替换的建筑群环境中耸立起一座玻璃幕墙的塔楼。由于新的用途、新的要求以及新的自我认同感，它的造型。故意打破周边环境，在城市形象中起到主导作用。

在沟壑中紧贴地形若隐若现的住宅处于自然景观形象中的从属地位。高大乔木消解了屋顶轮廓线。

位于至高点的村庄，以孤傲且防守的姿态俯瞰周边景观。密集的建筑体块所形成的大型的、紧凑的形式以及高耸的教堂塔楼，与周围自然形态形成鲜明对照。

—主次 　　　　　　　　　　　　　　　　　　　　　　　　—对比

为了刻意避免形式上的个性化，建筑物的造型延续了相邻建筑物的外墙面。这种布局使得整体中的局部"不过分突出"。

与左图设计相反，墙面的连续性作为次要意图。首要的意图在于将建筑塑造成一个"吸引眼球"的事物。

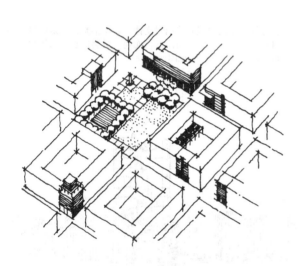

通过新的、根据环境关联背景设计造型的建筑物及公共空间的改造，对城市形象进行谨慎的补充或改变。

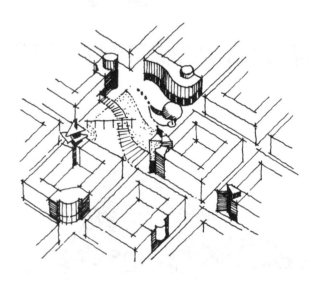

城市形象通过强调独立的新建筑来改变，这些新建筑具有特殊的突出视线位置。中心广场的改造作为其余部分公共空间的形式对比。

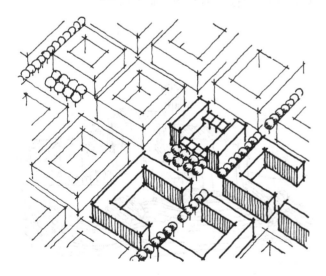

城市街区中的新建筑布局考虑了城市平面结构，无明显偏差地延续这一结构。对公共空间的建造尺度、比例和韵律加以"调整"。

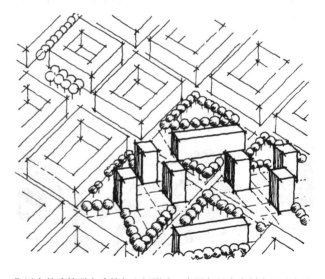

街区中的建筑群在建筑与空间形式，布局与尺度中刻意显示出独立性；道路形象和轮廓被明显改变（城中城）。

— 主次

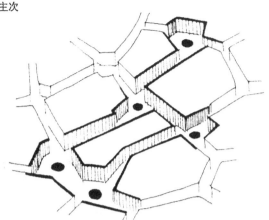

在各种长度和比例的街道和广场交替出现的序列中,道路结构的新造型遵循现有道路走向,保留并发展这一城市特征。

— 对比

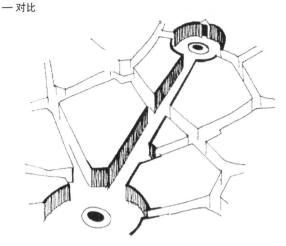

通过宽敞笔直的轴线、几何形的广场形式将全新的具有对比性空间要素和体验要素,植入"已成形"的城市道路结构中。

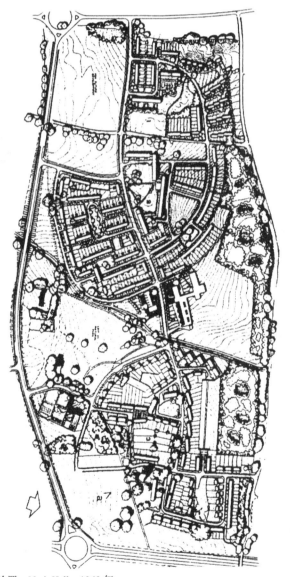

哈罗,Mark Hall,1960 年

建筑群布局结构和道路结构嵌入自由的基地形式中,并遵循等高线。建筑塑造了明晰的空间边界,空间造型中流动的开放空间强化了这一特点。

波茨坦建筑布局研究 1990 年,Zillich 规划

建设用地布局中,水陆之间的不规则边界、不同的环境结构模式与严格的、几何形的分区以及紧凑的边缘造型形成对比。

第 3 章 城市造型设计的总体建议 45

3.3 在自然景观中安排建设措施

"造房子意味着不伤害自然。"
（印第安谚语）

"每项干预都导致破坏，一种由理解产生的破坏。"
（Luigi Snozzi）

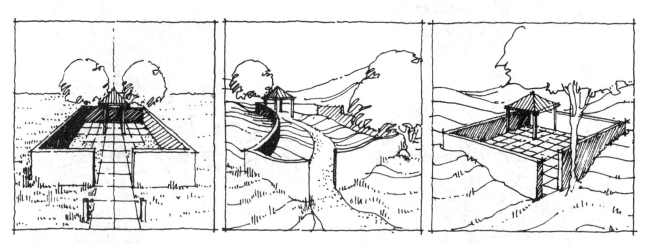

建筑物适应自然景观基本造型的可能性

—在一个既没有特殊的地形也没有特殊的植被特点的自然景观中，通过严谨的、几何式的建筑形式而确立其标志性。

—在具有起伏的、地形特征显著的自然景观中，建筑物紧随地形，以从属地位被植入场地。

—与几何式的严谨造型相反，建筑物被"刻入"具有明显景观形象特征的起伏地形中。

规划方案的质量，可以通过关注其造型所影响到的自然景观现状来解读——并且必须加以测度。

初始状况　　　改变—对景　　　改变—植入

3.3.1 以地形作为规划设计的出发点

—场地建设前的状况

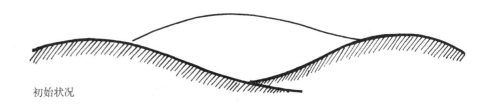

初始状况

—通过大规模的挖土和填土平整场地，深度干预自然景观

非常不合理

—为了尽量避免改变地形与自然景观形象，将建设用地整理成不同的阶梯状台地

合理

3.3.2 以水文作为规划设计的出发点

非常不合理

—河流水体以涵管方式下穿，建筑的开发建设与规划区的现状特征、水流的方向毫无关系

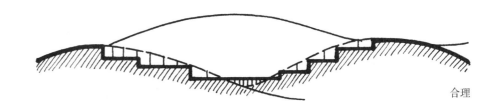

合理

—河流水体作为穿越性的景观带结合在城市布局中，形成丰富城市形象与住区品质

3.3.3 以植被作为规划设计的出发点

实例1：种有大树的地块上的独户住宅设计

A. 为了能够自由地设计，将树木砍伐
B. 在设计中，将树木作为一定情况下因地制宜造型的出发点

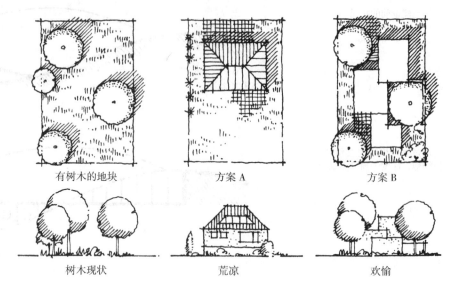

实例2：现状树木茂密场地的住区规划

—初始状况

规划用地现状树木茂盛具有宝贵的生态价值

—为了建筑布局的自由和场地设施的配置实施，规划区中茂盛的现状树木被砍伐

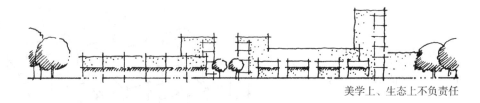

美学上、生态上不负责任

—现状树木大量减少。建筑的高度和体量主导形象。遗留在建筑物间的树木，在城市形象中仅扮演从属的角色

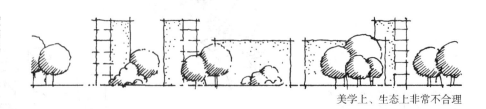

美学上、生态上非常不合理

—建筑物被限制在分散的小地块中，并依据现状树木的高度和体量而建。景观形象和小尺度空间的生态协调性得到了维系

合理

3.3.4 关于地区高程格局的建设用地选址

建设前的场地状况

—在谷地中建造高层建筑群,使场地的高低起伏和自然景观位于同一高度

—借助山顶上的塔楼建筑"戏剧化地"强化地形起伏,对于自然景观具有强烈的影响

—在山顶上配合地形起伏建造高度适中建筑,无主景要求的景观形象得到强化

—谷地中的建筑布局形成对于主导的山势起伏效果的反作用

土地使用规划的造型效果

建筑用地及开放空间用地的选择与确定,及其边界线的制定,为能否实现建设扩展区与乡村形象、城市形象或自然景观形象之间的形态和谐关系提供了重要的前提条件。

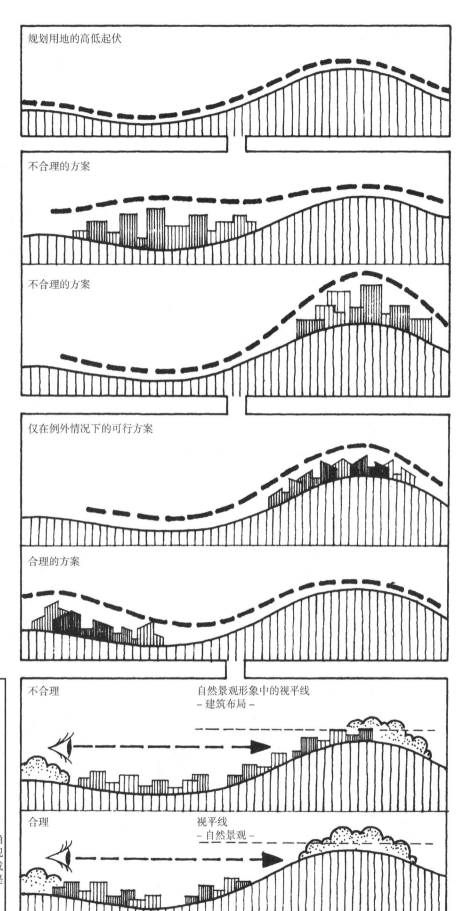

3.3.5 根据自然景观承载力标准确定建设用地

在土地使用规划中制定建设用地规定之前,必须进行调查研究,检验建设用地中每种自然景观状况的承载力。研究解答以下问题:
—究竟是否具有承载力?
—哪些范围内的哪些位置保留了自然景观承载力?

场地研究根据以下标准:
地形—开发与建设的适宜性
　　　—日照、阴影、风向
气候—适宜性及用地类型
　　　—对于能源需求的影响
　　　—因土地渗水性程度、地下水位下降、气流廊道受阻而产生的气候变化
生态—对于植被、水体、特定动植物生存空间的影响
自然景观—对于自然景观形象的影响程度

—实例—

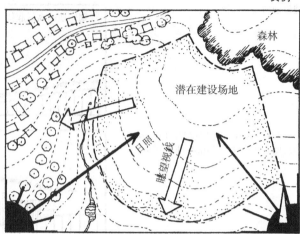

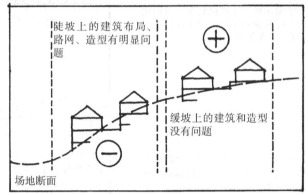
场地断面

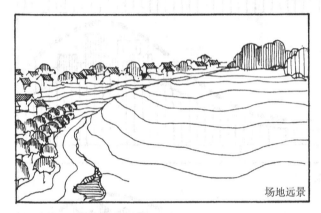
场地远景

对于建设用地的规定建议　　—备选—

A. 根据建设用途的不同适宜范围对用地进一步分区:
1. 自然景观保护区(有溪流、湿地生境、果园的山谷洼地)——不适宜建设
2. 由于坡度太大而不适宜建设的斜坡
3. 地形适宜建设,但对于自然景观形象影响很大

B. 分区地块适宜建设并与自然景观兼容

C. 分区地块地形适宜建设,但有必要对自然景观形象采取保护措施

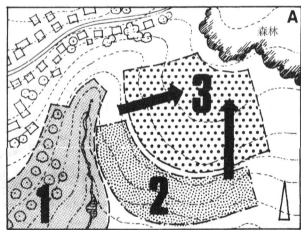

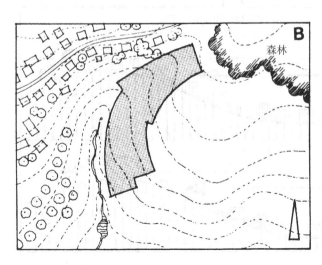

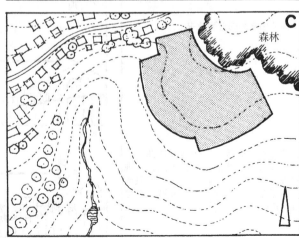

3.3.6 坡地建筑

可行的建设方式对比

A. 建设前的场地状况

B. 建筑物的形式和布局没有考虑场地形式。建筑物打破了地形（的特征）。

C. 建筑实体的形式和造型顺应坡地等高线。建筑附属于场地形式，并在建筑特征中强调场地形式。

D. 建筑布局与地形相对，并在楼断面方向上强调等高线。
仅适用于少数情况的建筑布局方案。

E.F.G. 建筑实体布局平行与垂直等高线的组合。
横贯坡地建造的建筑强调地形高差与地形走势，又沿等高线走向与平行等高线的建筑物、墙体或者树列联系起来。

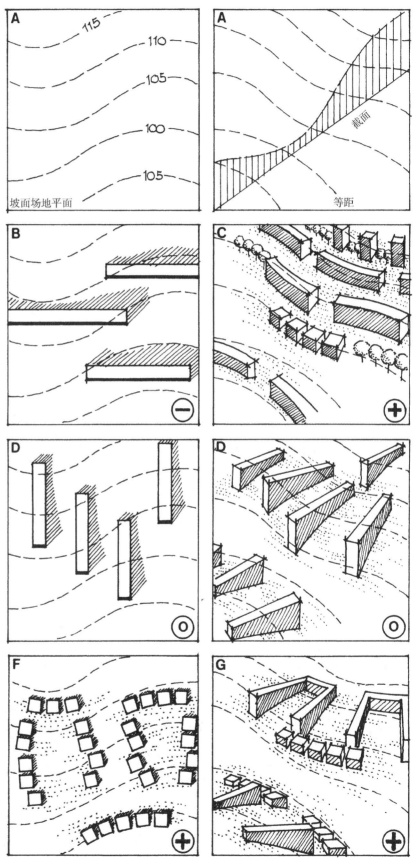
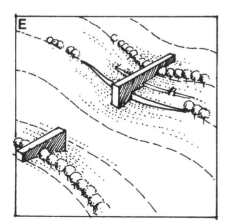
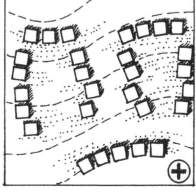

实例 1：建造在坡地上的松散式的独户住宅

A. 建设前的场地状况

B. 违反等高线的建筑布局

C. 沿着等高线的建筑布局

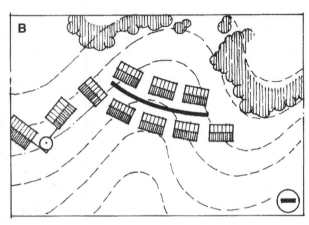

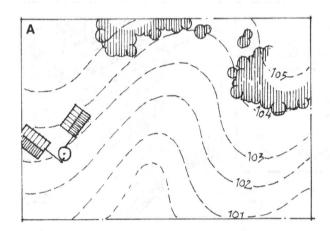

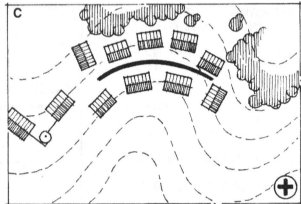

实例 2：坡地上的建设对于自然景观形象的影响

A. 连续的平面化的建筑布局，没有分组的间隔。"散居"的自然景观形象
B. 建筑集中于坡地凸面上，在周围设置绿带，谋求分区及相互间建立联系
C. 在坡地凹面上的建设限制，建筑采取后退态势附属于自然景观形象中

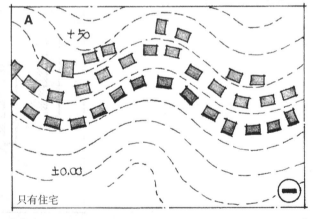

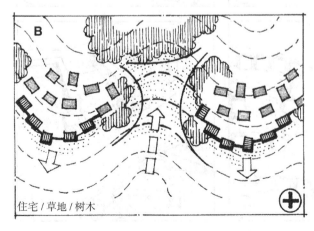

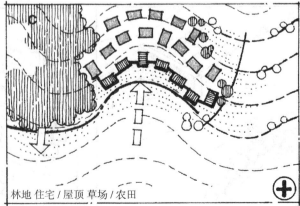

52　城市设计（下）——设计建构

实例3：建造在坡地上的高密度独户住宅

直线形的住宅行列垂直等高线方向，向谷底跌落。建筑仿佛"滑落"下去，缺乏与地形的紧密关系。

不合理

沿着坡地走向的住宅行列，以平行等高线的住宅组团或显著的转角建筑（柱状物）与场地联系紧密，并保证视觉上不会出现"滑落"感。

合理

住宅行列以"错落有致的"建筑形式的变换在坡地上蜿蜒曲折布局，通过与等高线平行的位于边缘的建筑牢牢地固定在地形中。跌落的建筑布局结构同时构成了一个院落空间的台地序列。

合理

坡地上的建筑物配置

A.建筑布局使地形起伏趋于平缓，在视线和日照方面相互影响。
B.建筑布局强化了地形起伏，几乎没有建筑物的相互阻挡。

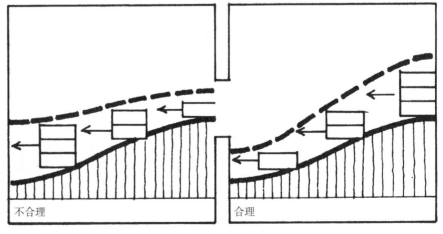
不合理　　合理

实例 4：坡地上的建筑物形式和屋脊方位

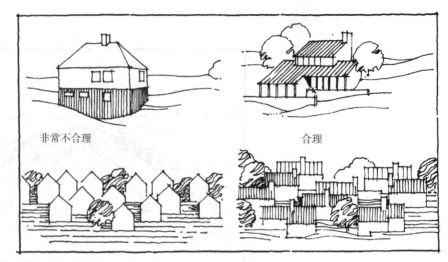

3.3.7 在自然景观框架中的整合建筑

— 建筑物堵住了引人注目的谷地。

— 建筑物彼此拉开，并收缩在坡地上，形成了谷底路穿越的出口。

— 建筑群布局以无限连续的单调轮廓，使景观形象在同一高度。

— 紧凑的建筑布局与富于变化的外部轮廓，在景观形象中强化了和谐性。

— 建筑（不加控制的）在自然景观中蔓延，使起伏的地形均匀化，破坏了景观形象。

— 建筑边缘的界限明显，建筑与自然景观各自的造型形象都得到了支撑。

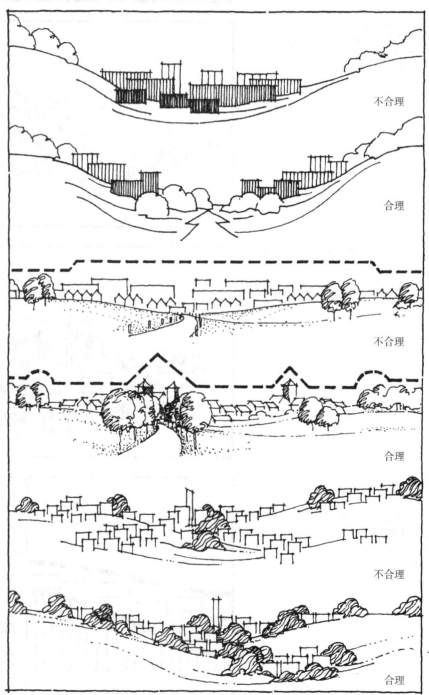

3.3.8 自然景观的空间边界和居住区边缘的造型

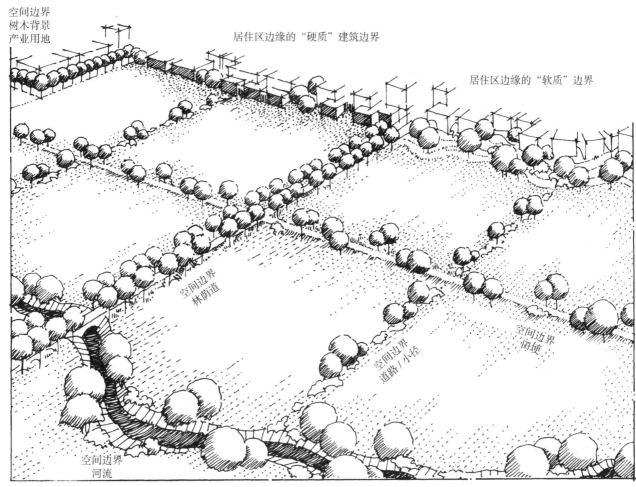

采用沿道路、水体与田野边界的大型绿化划分自然景观的空间（具有生态与形态上的宝贵价值）——"硬质"与"软质"的居住区边缘

—例—

建筑影响住区边界形象的"硬质"边缘造型

采用动感的地形和树木形成松散式住区的边界，并伴以明确的建筑形象

（夏天的）绿化背景形成住区边缘形象的"软质"边缘造型

封闭式的树木背景形成住区边缘，严谨的形式隐含建筑形式

—居民区边缘到自然景观的造型

例

由绿化背景构成的"软质"过渡—地形和不同植被类型作为调和的造型要素

"硬质"的,建筑影响下的住区边界构成——自然景观和建筑"墙体"造型之间的紧张对比

以绿篱和树列,形成有机式和几何式形式语言对比特征的组合,成为有说服力的形态

"建筑外墙"作为住区边缘的构成方式,仅适用于建筑造型要与众不同且连续的情况

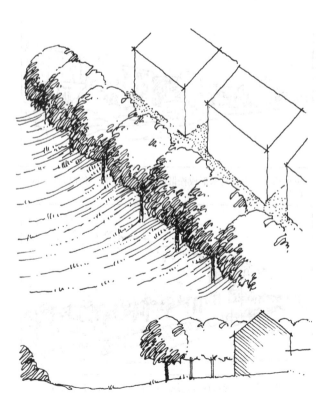

56　城市设计(下)——设计建构

3.4 现状中的新建筑布局

新建筑的嵌入
与周边建筑的形式特征相关的造型可能性

A. 相邻建筑间的插建
B. 在由面宽形成的节奏韵律中强调新建筑的独立性，垂直向形式特征的结合
C. 新建筑在整体立面中水平向与垂直向形式特征的结合（流畅的过渡）

A. 在错位的建筑立面间的插建
B. 延续外立面轮廓线，新建筑的独特性主要在于细部造型中
C. 建筑实体的雕塑性造型强化了建筑立面错位这一形式主题，结合相邻建筑物的造型特征，并在转角部位强调材料的变化

A. 转角地块的插建
B. 新的转角建筑在比例、细部和材料方面不受限于相邻建筑。转角在形态上显得突出，妨碍了空缺地的填补及与其他转角建筑进行包容性的"对话"
C. 转角的填补采用简单清晰的造型方式，相邻建筑与新的转角整合在一起。

以教堂作为主导建筑的小城市广场，位于广场界面中的建筑空缺

A. 新建筑非常强调形式的独立性，建筑与广场周边的其他建筑形成鲜明对照，以此调整教堂（的形态）
B. 新建筑适应广场的建筑形象，放弃哗众取宠——教堂保留其统率性的建筑地位——"平衡"并未改变

A. 新建筑模仿相邻建筑的形式特征，适应环境，并在与乡村形象的内在联系中隐没其造型
B. 新建筑塑造了一个独特的造型，捕捉了现有住宅的本质特点（体量、比例、材料）——独立又不失为整体的一部分

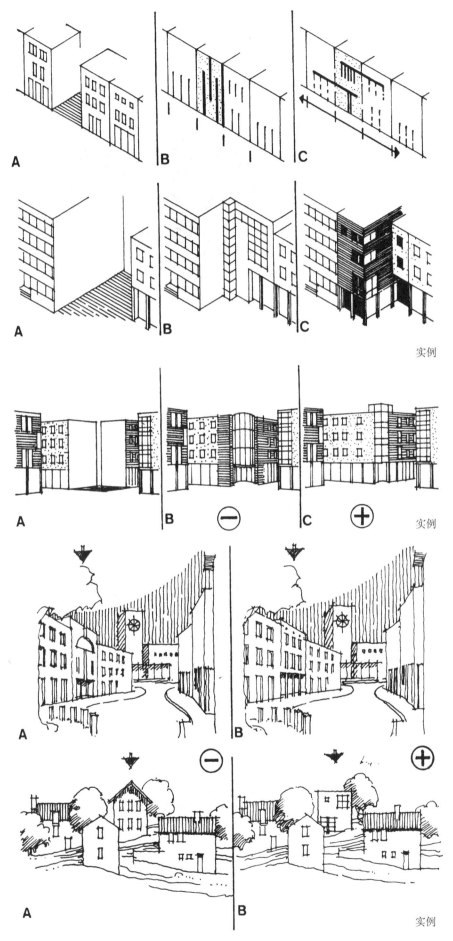

实例

3.5 城市设计视角下的建筑造型

3.5.1 "目高"视野中的建筑物、空间与细部造型

一个工具、一件家具、一间房间这样的日常事物只有在符合人体尺度的时候才是合理且便于使用的。一张与肩膀同高的桌子、一个与膝盖高的门洞都是荒谬且麻烦的。

如同对象和空间的测量必须基于"人体尺度",造型也首先应当以"视觉尺度"为导向。空间、建筑与细部的体验价值及环境的外观表象应首先由物理性的感官能力所确定,即从头部与眼球静止状态下的视角出发。因此"目高"的视野范围位于视线可感知的水平视角(大约40°)和垂直视角(大约30°)。

"目高"视野中的街道空间

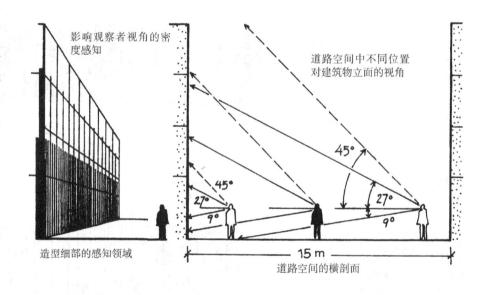

造型细部的感知领域　　道路空间的横剖面

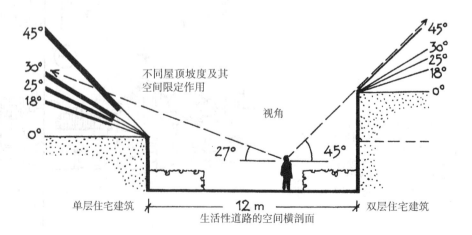

单层住宅建筑　　生活性道路的空间横剖面　　双层住宅建筑

3.5.2 空间边界的造型效果

"建筑"构成的空间限定

沿街建筑的比例、划分和细部设计决定了街道的空间限定与街道的体验形象,这一形象是"第一眼"所感知的所有造型细部的总和。

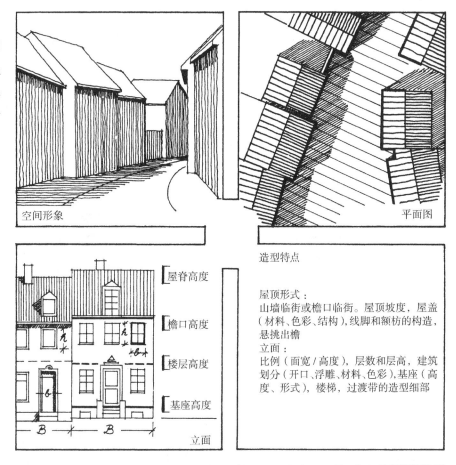

"前景"构成的空间限定

道路形象由前景(宅前花园、宅前庭院)的造型细部决定其空间比例和体验特点。

建筑自身在道路外观形象中退至次要地位,建筑的作用意义仅限于体量与屋顶轮廓。建筑造型细部要么被前景的形象要素所遮掩,要么在这一作用下到"第二眼"才被感知。

3.5.3 屋顶形式的造型效果

不同坡度的屋顶形式对于道路形象的空间作用（使人感知到空间限定或屋顶轮廓）。

道路内部（目高）视点中，低层建筑的坡顶在视觉上容易感知并在空间上产生作用，而高度超过4层时屋顶几乎看不到，因而对空间比例没有影响。

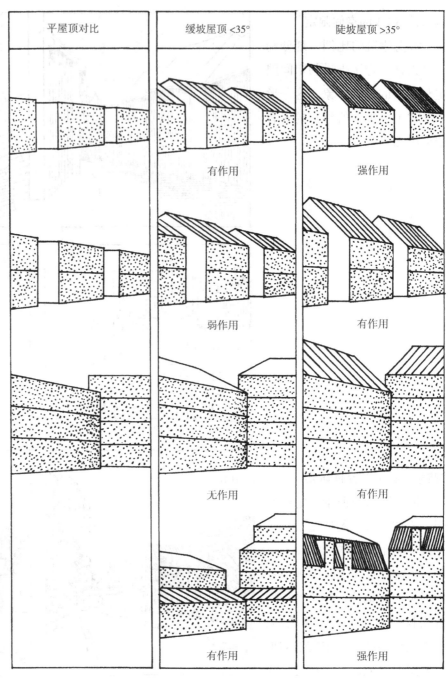

俯视视角中屋顶形式的意义

A. 平屋顶在俯视中往往产生令人非常不舒服的形象。
B. 由结构性屋面构成的坡屋顶形成非常舒服的形象。
C. 低层的坡顶建筑在水平线之间形成令人舒服的软质过渡。

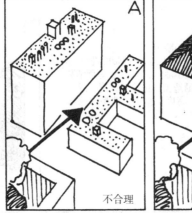
不合理

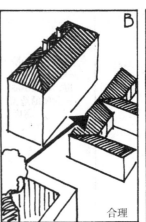
合理

花园院落

60　城市设计（下）——设计建构

3.6 街道与街道空间的造型

街道的首要目的在于将各种场所联系起来，通过符合用途的布局设置，提供舒适而安全的行进可能。那些由很多人和活动包围着的街道，在交通之外增添了更多的其他功能和意义。街道和广场作为交流和交易的场所，以及社会性、文化性、政治性事件的舞台而变得重要。以及街道和广场的形象赋予场所识别性，决定了（给人的）"第一印象"，并能够成为持久的记忆。这一环境氛围刻画出社会状态的特征。公共空间与住宅私密性形成对照，同时也形成个人与集体活动及其需求之间的纽带。

在乡村和城市范围之外，街道首先应适应于对景观（地形、河流、桥梁等）的塑造，而在住区范围内，街道结构与街道造型则应在诸多层面上适应于每个场所的建筑形式、功能要求与理想的价值观。

历史上具有明确空间界限的城市中，城门明确形成了乡村道路与城市道路的分界点。但是交通的发展进一步消除了这种具有丰富体验性的差异。从此以后，城市内外道路根据"交通技术的"标准进行了同样的改造。以前，道路适应场地现状在造型设计中非常重要，后来这种对于场所的考虑常服从于交通上"最优的"道路规划，因而进一步削弱了空间和形态体验的多样性。

为了避免这种导致环境形态受损和平庸化的干预措施，本节的建议希望能提高（设计中的）敏感程度。这些建议将有助于合理解决自然景观形态与城市形态需求，有助于使街道和广场成为变化丰富的社会生活场所——其后才是满足交通的需求（见第23~26页以及上册4.1~4.3，4.5，4.7，4.10）。

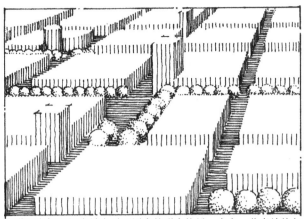
街道和广场空间在城市平面图中的形态格局，走向，节奏韵律与空间比例

街道和广场空间的尺度关系与比例，与人的尺度关系

建筑与街道空间形态几何式或有机式的统一或对比

细部造型的形式与尺度，表面结构，材料的色彩

3.6.1 街道形态适应自然景观

实例1：
适应自然景观形象特殊性的道路选线
—地形高低起伏，按照节奏与尺度的高差分级
—构成视点和空间形象的背景

道路建设以前

非常不合理

合理

道路的走向依据自然景观形象的视点及空间高程。变化的方向和视点关系形成了空间与视线上的连续序列。

实例2：
道路嵌入自然景观的地形格局中

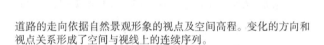

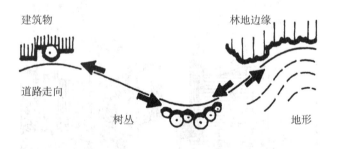

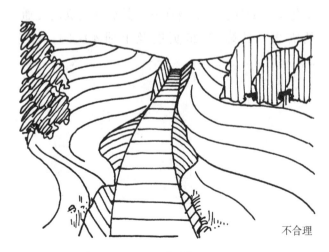
不合理

合理

3.6.2 街道形态适应城市形象

—联邦公路（国道）
交通功能优先，车速 80~100km/h
在自然景观节奏中道路线形的大规模配置，配合自然景观形象特性

—居住区内的交通性道路
交通功能优先，最高时速达到 50~70km/h，需要噪声防护措施
大部分建筑物背向道路，道路与建筑物的形态联系点状分布于空间段落和辨认方向的标志处

—住区集散道路，允许沿街两侧都建建筑
交通功能优先，最高时速达到 50km/h，需要噪声防止措施

A. 建筑物与道路之间紧密的造型联系，以较紧凑的节奏变换道路方向与视点，单体建筑与空间墙体成为街道视野中作为方向转换的重要标志点

自行车道　车行道　自行车道

B. 形态上形成一体的道路线形和空间界面
B1 方向不断变化的自由形态道路走向
B2 采取严格几何形的街道空间，直线形道路走向

步行道　自行车道　车行道　自行车道　步行道
剖面尺寸参考上册 4.5.2.5

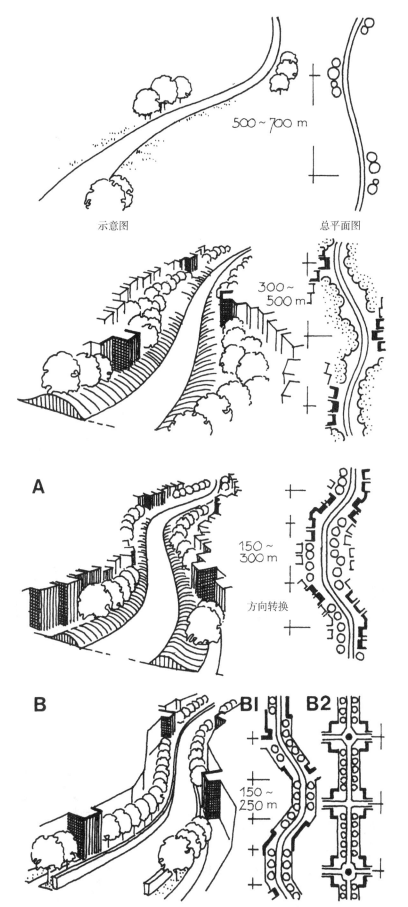

示意图　　　　　　　总平面图

方向转换

B1　B2

—住区集散道路，允许沿街两侧都建建筑或重要的邻接道路
交通功能优先，最高时速可达到50km/h

A. 方向不断变化的自由形态道路，通过沿街空间界面强化的建筑物和空间造型，强调方向和视野的变化

B. 严谨几何形的街道和广场空间序列，对称型的空间界面布局形成的直线形道路走向

—邻接道路
车行交通优先，最高时速可达50km/h，或者人车混行，最高时速达到30km/h

A. 街道方向富于变化，街道空间与广场空间的以交错的建筑退界自由排列

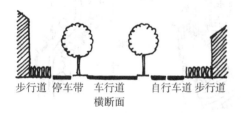

步行道　停车带　车行道　　自行车道　步行道
横断面

B. 道路具有明显的主要方向，街道和广场空间序列采用严谨的几何形态（例如街道空间的对称造型）

步行道 停车带　车行道　　自行车道 步行道
剖面尺寸参考上册 4.5.2.3，4.5.3

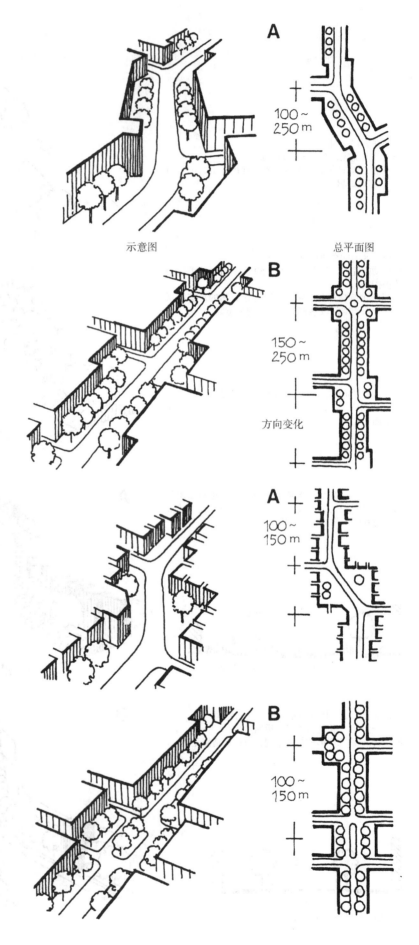

示意图　　　　　　　　总平面图

方向变化

64　城市设计（下）——设计建构

—生活性道路
步行交通与非交通性的使用功能优先，最高车速 30km/h，人车混行

A. 具有周密思考的细部造型与生活性设施的小尺度"建筑方式处理的"形态，建筑物的造型、庭园的造型和街道的造型形成一个整体，形成由建筑物围绕的封闭式内部空间

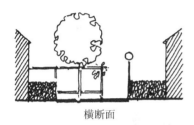

横断面

B. 生活性道路作为现状道路和交叉口节奏的改造结果，它作为人们相遇场所的空间效果与意义通过居住性的设施、绿化和细部造型得到强化。同时通过在行车动力和视觉上设置"障碍物"降低车行交通

参考上册 4.5.2.4

C. 柔和曲线型的生活性道路，具有开敞的"公园特征"，松散开敞的周边建筑、道路、建筑、庭园与自然景观空间在造型上相互配合

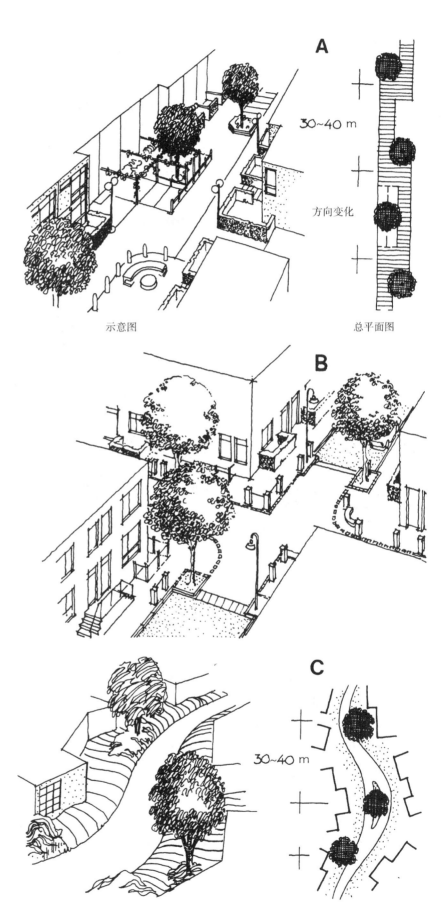

示意图 　　　总平面图

方向变化

第 3 章 城市造型设计的总体建议 65

—紧急车辆可通行的宅间小路
步行交通与非交通性的使用功能优先，行驶速度被限定在步行速度以内

A. 宅间小路
功能性的布局配置，没有自己的形态要求；根据住宅、宅前花园、篱墙、绿篱和乔木决定宅间小路的环境

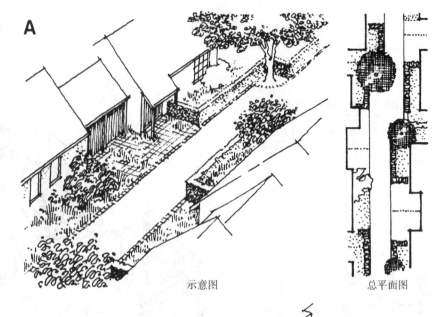

示意图　　　总平面图

B. 宅间小路
小尺度的造型，其重点在于细部构成，宅间小路的造型、建筑物造型与庭园造型形成一个整体

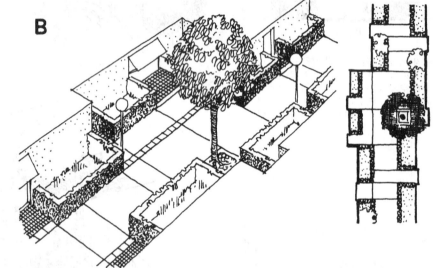

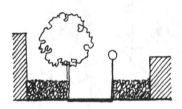

参考上册 4.5.2.2

3.6.3 表现出公共性与私密性特点的住区街道与广场造型

住区中街道、广场和道路格局开发的设计必须考虑实现公共空间的三个重要特征：

—路网功能适用于当地可能出现的所有交通方式，针对移动的方式与频率、停留和交流的需求进行交通量测算与街道造型设计。

—公共空间及其周边（外部的/内部的）私密区域相交地带的造型需要结合现状，集体活动和私人活动的交点及其需求的造型也需要结合现状。

—公共空间的意义在于导向性和场所识别性，在于由建筑形态、道路形态、开放空间形态相互作用所产生的不可替代的典型场所形象。

造型应产生一个由诸多形象、不同的氛围和个性特征形成的序列，这一序列清晰地表明，人们在城市住区的哪些地方活动，一个公共空间的氛围在哪些地方标示了联系性与重要性，或者私密性、小空间、以及在该场所中人们所影响的环境哪些起到主导作用。

—街道和广场的公共性和私密性特征

右图中,一个城市住区的道路网结构示意性地表达了根据交通功能与导向功能以及主要的公共性或私密性特征对道路、广场和街道的区分。

各种情况下的符号对应于道路与街道类型及其各自的环境、公共性或邻里间"私密性"的印象。

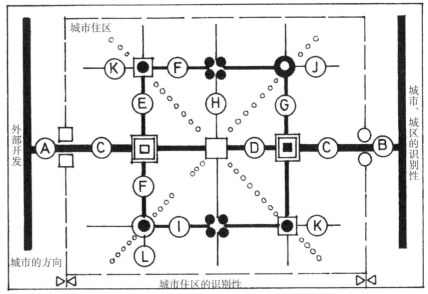

一个城市住区的道路网结构——示意图

A、B. 城市住区(门户位置)的入口区形态构成,作为导向和记忆的明确标志

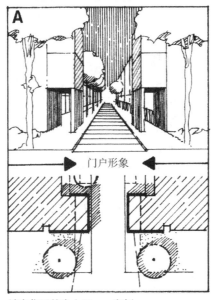

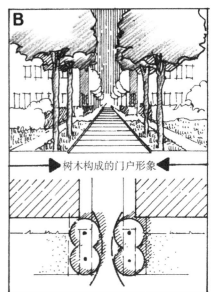

城市住区的出入口——实例

C. 城市住区的出入口,开阔且一目了然,交通功能和公共性特征为主

D. 在邻接道路(或者生活性道路)的第一条岔路上,道路公共特征优先,但也清晰地呈现出居住功能的毗邻性

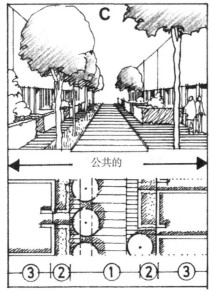

1. 公共区域
2. 过渡区域
3. 私密区域

区内道路——公共的   宅间小路——公共的(私密的)

第3章 城市造型设计的总体建议　67

—街道和广场的公共性和私密性特征

E. 生活性道路，公共区域延伸至住宅外墙，同时住宅和私密空间的毗邻地带影响道路类型的特征。

F. 生活性道路或宅间小路，宅前区域，形态丰富多样并嵌入街道空间的建筑部分，强化了私密空间毗邻地带的印象。

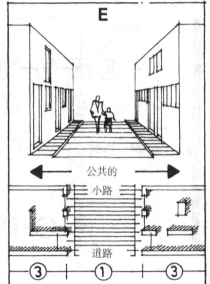

生活性道路——公共性，私密性　　生活性道路/宅间小路——公共性，私密性

G. 生活性道路或宅间小路，住宅较松散地沿着公共道路排列，流畅地过渡到私密空间。

H. 宅间小路，私人使用的宅前花园位于前部，空出一条窄巷用于公共性和交通性的用途。

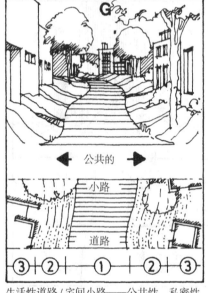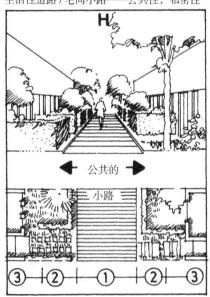

生活性道路/宅间小路——公共性，私密性　　宅间小路——（公共性），私密性

I. 宅间小路，功能与特征上的 H 变体。

J. 宅间小路，与公共街道紧密相连的住宅突出部分和宅前庭院，给人的印象是以私密环境为主配置的道路类型。

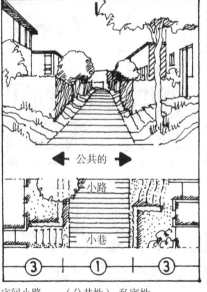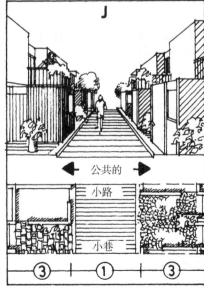

宅间小路——（公共性），私密性　　宅间小路——（公共性），私密性

—街道和广场的公共性和私密性特征

K. 宅间小路，公共性道路及沿线的宅前花园，通过凸出的建筑与树木使不同空间形成多样化序列，并在前院形成与私人住宅功能紧密联系的印象。

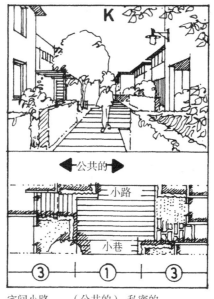

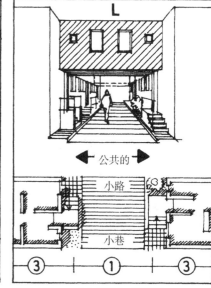

L. 生活性道路或小巷，用门形的过街楼加强间隔区域的私密性特征。

宅间小路——（公共的），私密的　　　宅间小路——（公共的），私密的

M. 具有交通分流功能的广场案例，清晰构成街角与岔路口的空间轮廓，作为后续道路的"预告"。

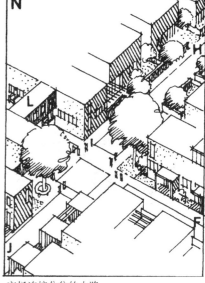

N. 具有停留和分流功能的广场案例，以空间比例、尺度及造型标记强调该场所的识别性，并在各具特色的分岔的宅间小路与街巷中表现识别性。

1. 公共区域
2. 过渡区域
3. 私密区域

广场连接分岔的街道　　　广场连接分岔的小路

3.6.4 为了疏解交通与改善居住环境的街道改造

在结合城市总体设计框架各种结果的新规划中，符合居住适宜性考量的街道和广场造型是可行的。而在今天的实际设计中，现有街道的改建成为主要规划任务。必须赋予街道的功能与形态崭新的、符合时代要求的品质。由于每个规划案例的前提条件各有不同，规划方案绝不能用教条化的、"公式化的"规划方法来完成。更进一步的要求在于确定新的规划目标时，应当研究、保存并发展街道形象典型的个性化的可靠特征。

如果我们惋惜过去完全按照交通技术原则改建街道，却明显损害村庄和城市街道的形象，我们也必须遗憾地断定，"照本宣科式"地疏解交通改建街道，几乎不太考虑减少其不利影响也将令人惋惜。

下面以一条村庄街道和一条城市街道为例，说明哪些造型方案会使该处场景截然不同（A）或者仅细微改变（B）。

参见上册 4.5.2.4，4.7

实例　村庄街道　　　　　　　　　　　　　　　　实例　城市街道

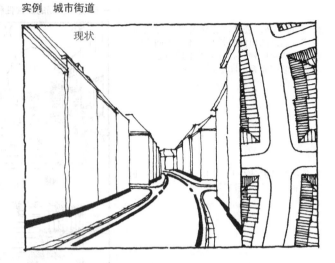

特征：弯曲的、纵向延伸的街道走向，变化的路宽，平缓过渡到边界地块，只用两种材料：石子铺设排水沟，沥青铺设车行道

特征：笔直的、线形的街道走向，通过路缘石形成明显的界面划分，板材铺设人行道，沥青铺设车行道

改造方案A：用"横条纹"结构消除纵向延伸，运用不同的材料（结构和颜色），通过改变材料强调路面分割，断面宽度不变

改造方案A：纵向延伸的分段断面，完全改建为横向的混合型断面，不断改变材料，随意配置街具设施

改造方案B：保持纵向延伸并保持平缓过渡到地块，通过强化不同断面宽度及嵌入式的"庭园绿化"产生"刹车般的"效果，石子铺设排水沟和停车位，沥青铺设车行道
参见上册 4.2.2.8, 4.5.1.4, 4.5.2.4, 4.7

改造方案B：保持纵向延伸的分段断面，仅在十字交叉口或丁字交叉口铺设石子，树木和街具设施集中于石子铺装区域，材料改变也仅限于该区域

3.6.5 街道走向适应场地格局

实例：
某居住区的道路

— 规划区内有平缓起伏的坡度

A. 道路走向设计不考虑该场地形状

B. 道路走向与该场地形状一致（极少抬高地形和挖填方）

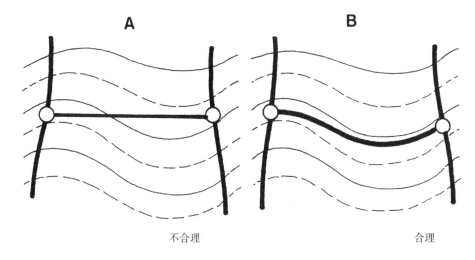

不合理　　　　　　　　　　合理

— 坡度较大的场地中道路及其毗邻建筑的高程位置

不合理　　　　　　　　　　合理

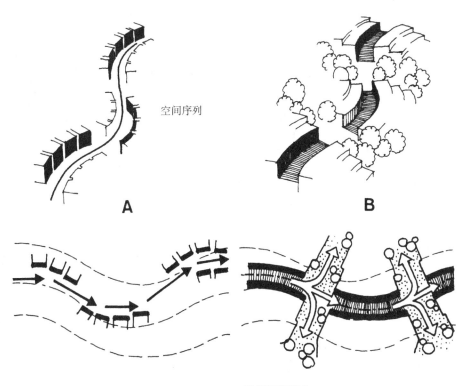

— 道路走向的空间序列

A. 视线或视点不断变化的道路走向，连续的视觉体验区

B. 内部和外部空间的序列作为定位特征，空间狭窄处+转弯处+视点转换降低行车速度，景观空间的眺望为远处的空间定位

眺望风景区域

3.6.6 街道隔声防护设施的造型

—主动隔声
行车道路边缘区域的措施

实例1
轮流种植灌木和乔木的"丘陵带"作为隔声墙——"景观"造型图——土堤需要宽阔的带形区

实例2
活动的土堤结合隔声墙，种植灌木和乔木作为隔声堤——面积要求小，效果更好

实例3
道路边缘种植爬藤植物作为隔声墙，前后种植，乔木组群——效果好，更节省用地面积

实例4
分段的大型花园围墙结合有顶的设有长凳的屋角或贮藏室——效果好，用地面积要求更小，与使用功能充分结合

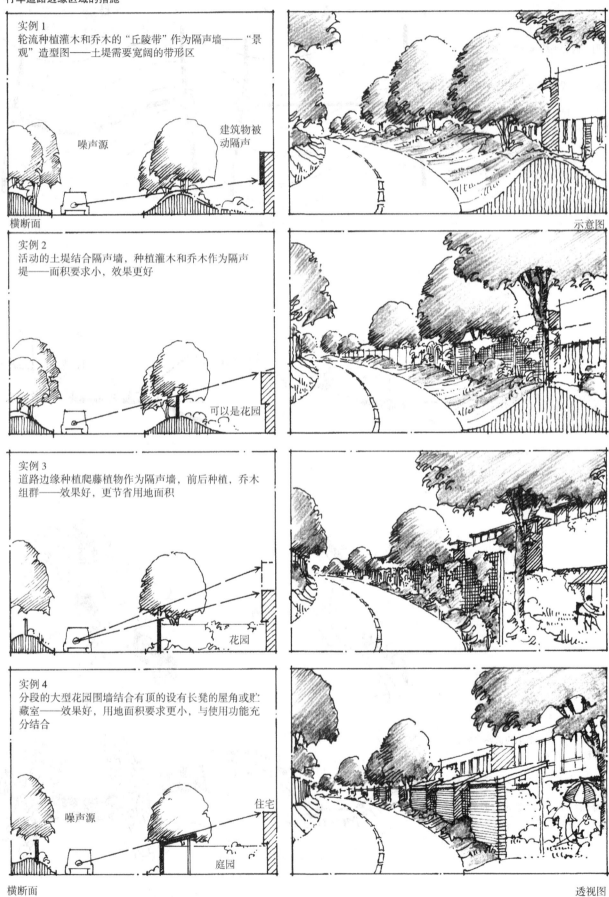

横断面　　　　　　　　　　　　　　　　　　　　示意图／透视图

—被动隔声——控制引导性规划和建筑范围内的措施

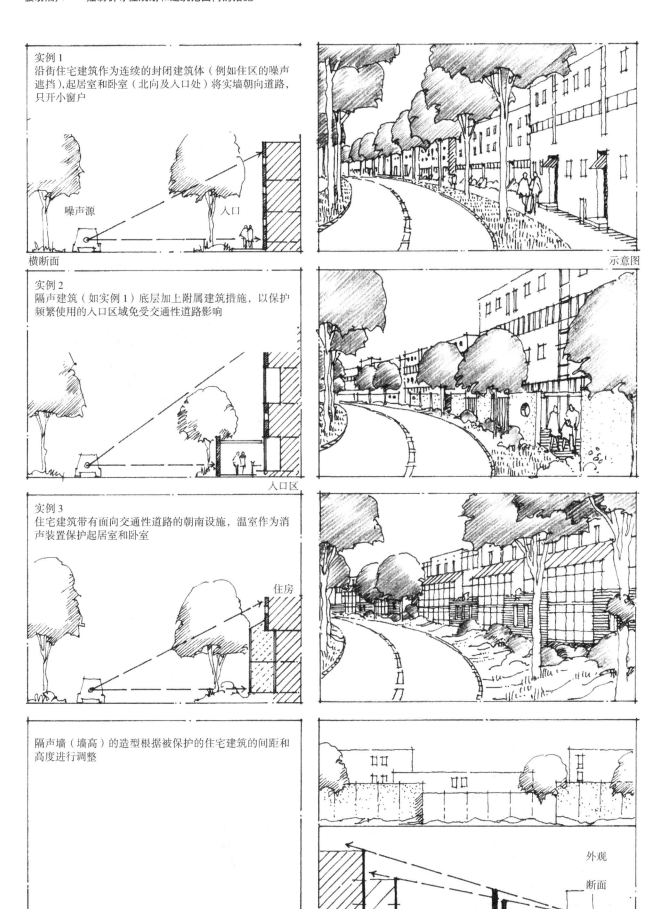

实例1
沿街住宅建筑作为连续的封闭建筑体（例如住区的噪声遮挡），起居室和卧室（北向及入口处）将实墙朝向道路，只开小窗户

噪声源　入口
横断面　示意图

实例2
隔声建筑（如实例1）底层加上附属建筑措施，以保护频繁使用的入口区域免受交通性道路影响

入口区

实例3
住宅建筑带有面向交通性道路的朝南设施，温室作为消声装置保护起居室和卧室

住房

隔声墙（墙高）的造型根据被保护的住宅建筑的间距和高度进行调整

外观
断面

第3章 城市造型设计的总体建议

3.6.7 开敞型自然景观与居民区之间的连接区的街道造型

实例1：
朝着村庄或城市发展的道路

A. 无任何过渡造型的附加物，道路与之直接连接

B. 变换视角接近城市，尺度的层次增加取决下以下因素
—方向变换的节奏
—细部造型设计

C. 以林荫大道来引导街道视线和收缩变窄

合理

非常不合理

合理

实例2：
城市住区的主要道路网

A. 道路给人贯通整个住区的感觉。建筑和道路走向之间的设计毫无关联

B. 道路引入住区，第一排建筑成为内部空间的门户

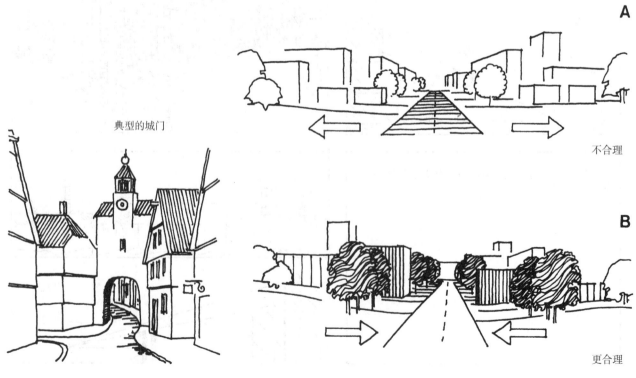

典型的城门

不合理

更合理

3.6.8 住区入口处的门户造型

与一幢住宅的大门相似，住区的入口处也有一个门槛区域，从识别性和导向性的角度来说，特别需要入口造型的设计。

A. 道路"嵌入住宅区"，而不是通过造型措施体现出这一过渡区域的意义。

不合理

B. 通过街道空间变窄"设在路中"的建筑，体现门户位置。

C. 街道空间变窄，"门户建筑"的独特细部设计。

合理

合理

D、E. 通过过街楼建筑形成的门槛区的简洁造型。

F、G. 通过断面收缩和"树门"显现门户效果、强调入口区域。

合理

合理

3.6.9 街道空间的造型

道路的长度或纵深效果

A. 凸面空间墙给人以"无尽头的"街道空间之感。

B. 交替的凹面空间墙产生有限空间断面的感觉。

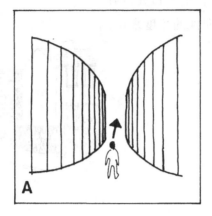
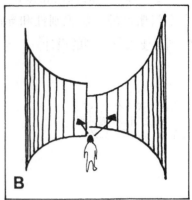

C. 长条形、笔直的空间界面强调道路的纵深。

D. 弯曲的空间墙——弧形街道空间——缩短了纵深效果。

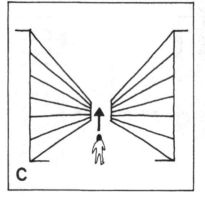
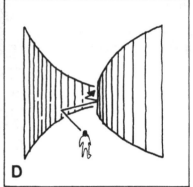

E. 笔直的线条将目光引向街道空间的深处。

F. 通过取消直线及设置连续凸出的建筑形式，使街道空间的深度划分成段落，视觉上产生缩短的效果。

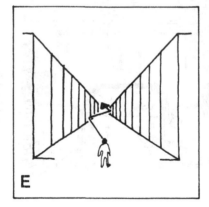

G. 表面平滑，使目光投向纵深。

H. 以建筑凸出部分、阳台、外廊、露台等形式的建筑表面的雕塑感造型缩短纵深效果。

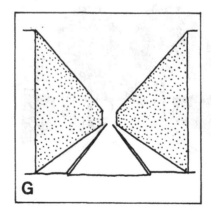

街道空间的造型

道路的长度或纵深效果

I. 平滑的正立面墙体及其完全一致的建筑细部、材料和色彩强调了纵深效果。

K. 富于变换的建筑细部造型,相应的材料和色彩变换,将目光引向单个场地,赋予道路空间变化的节奏。

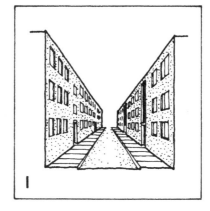 

L. 封闭的墙面产生紧张、冷漠之感。

M. 大面积窗户使建筑产生通透感,让人可以感觉到内部空间和外部空间的交流关系。

N. 分岔支路的出入口嵌入连续笔直的建筑红线。道路分叉口对空间几乎没有影响。

O. 强调街角建筑,将街道空间的十字交叉口清楚地显现出来,空间纵深被划分成段落。

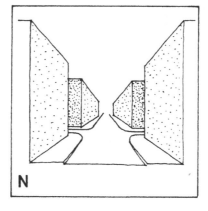 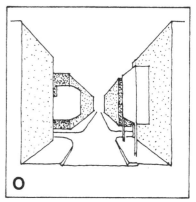

P、Q. 通过在过街楼或横断面上设置建筑,影响道路空间的纵深效果。

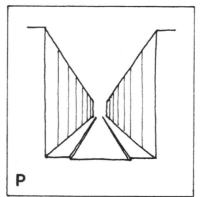 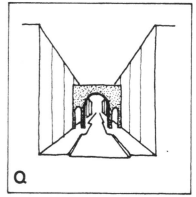

街道空间的造型

道路的长度或纵深效果

R、S.比较：看不见纵深边界的街道空间："无限长的"效果；带有明显纵深边界的道路尽端：目光投向界定目标，强调其意义。界定目标又反作用于道路空间并产生缩短道路长度的感觉。

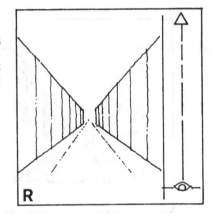 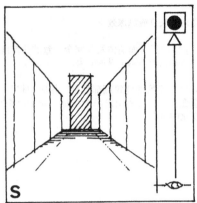

T.随着台阶上升的道路缩短了其纵深的感觉，强调目的地的意义。

U.街道空间逐步变窄至界定目标，缩短了纵深的效果，将目光集中在目标上。

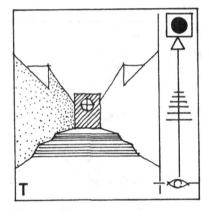 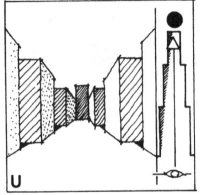

V.十字交叉口强调方向的分流，道路长度划分成段落，道路明显变短。

W.街道空间在其走向上被可停留区域分割；移动和停留相互交替；目光集中在下一件"事情"上。

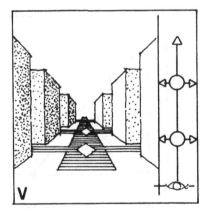 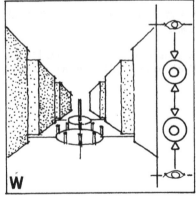

X、Y.比较：
动态变化的道路走向，看不见尽端，形成一系列短暂的空间和视觉片断，注意力被引向吸引目光的空间边界，动态变化和上升式道路走向相结合，更能加强接近之感及道路片断较短的感觉。

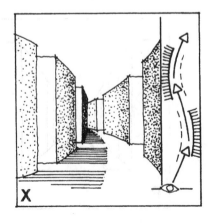 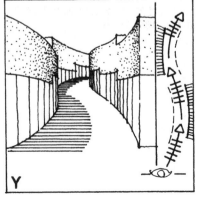

78　城市设计（下）——设计建构

街道空间的造型

道路的宽度效果

A、B. 狭窄的道路夹缝给人束缚感,可通过上方建筑的逐层后退得到改善,同样,底层的骑楼和拱廊使活动空间扩大,使其形成空间宽敞的感觉。

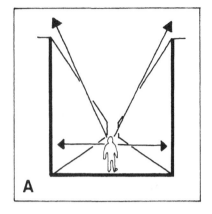 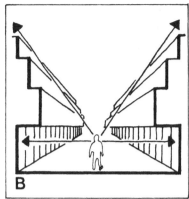

C. 道路断面(人行道、路缘石、排水沟、车行道)的纵向定位强化了道路空间的延伸感。

D. 道路平面的横向分隔——不分人行道和车行道——使街道空间显得更宽。

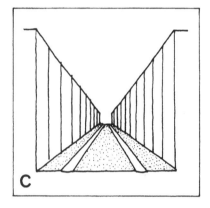 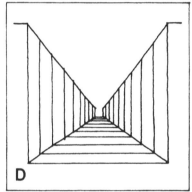

E、F. 通过林荫道和宅前花园使宽敞的街道空间变窄,因为它们限制了路人的视野。

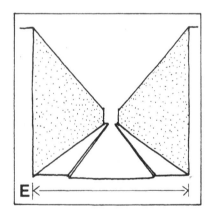 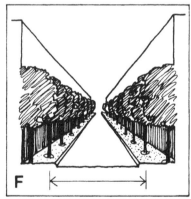

G、H. 装置设施——雨篷、柱廊或一连串的路灯——分隔街道空间的宽度效果。更宽的街道空间可设置为不同宽度的"多廊道"空间序列。

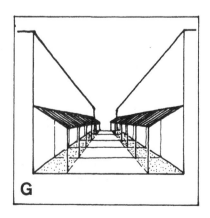 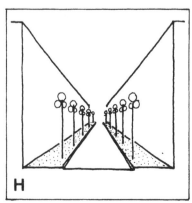

街道空间的造型

街道的高度作用

A. 向后缩进的楼层一方面减少空间墙体的高度，另一方面扩大道路上空的开敞感。

B. 明显向前突出的屋顶限定了街道空间的高度作用。

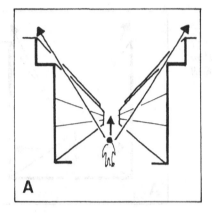 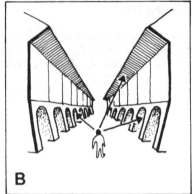

C. 沿街的细高的建筑形体明显加强了道路高度。

D. 通过一、二层的裙房建筑形成等比例的高度划分。道路空间中的细部设计（照明、树木等）可以与——较低的——裙房建筑的高度相协调。

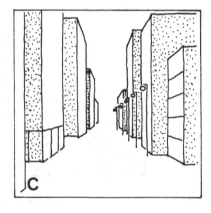 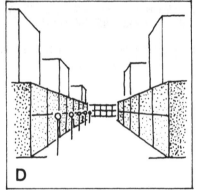

E、F. 小型装置设施——小杂货店、遮阳篷、树木等——可以产生分层及限定视觉高度的作用。

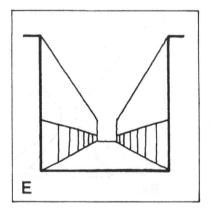 

G、H. 在道路空间中通过拱门、柱廊和多样的骑楼建筑，明确限定高度。

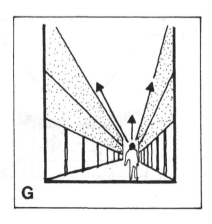 

3.6.10 广场的造型

在村庄、住宅区或城市的形象中,广场的意义不仅仅局限于形式上的外部形态;在它的历史发展过程中,广场的意义首先在于社会需要一个合适的场所,以便开展大部分的公共生活。从这个社会意义来看,广场是随着不同时间要求而变化的"舞台"(市场、行政管理的场所、表达的场所、宗教的场所、社会交流的场所、交通的场所)。

随着时间的流逝,许多这些"经典的"广场功能都移入了建筑内部;剩下的只是广场作为交通枢纽的功能。虽然多项最初的社会功能已经无法再通过广场设施来实现,但广场仍保留了基于美学通过造型丰富村庄或城市形象的工作任务,保护今天现存的或需唤起的社会需求。

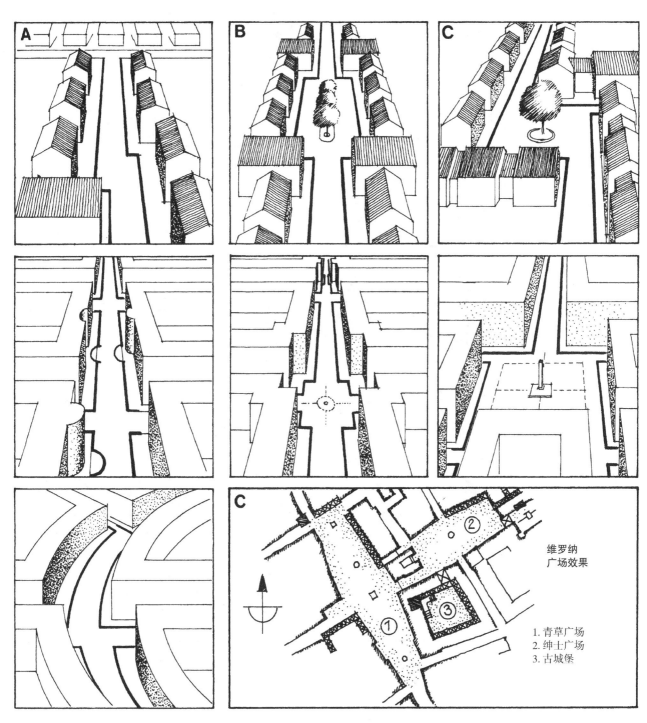

A. 道路作为住宅区内起分割、引导作用的活动线路

B. 街道空间的广场式拓宽作为道路走向(网络)形式上的、起导向作用的突出点

C. 广场作为联系性、停顿性的空间

维罗纳广场效果
1. 青草广场
2. 绅士广场
3. 古城堡

实例	基本形状	广场的轴向关系及中心基准点（区域）	广场空间内偏心基准点（视点）的可能位置	运用"相同形状的"元素对广场平面划分的可能性	运用"对比的"形式元素对广场平面划分的可能性
正方形的广场形状					
"长方形的"广场形状					
矩形长条形的广场形状					
梯形的广场					
组合的广场形状，广场系列					
斜向空间边界的组合广场形状					
圆形的广场形状					
空间边界动态变化的自由广场形状					

广场空间的造型 — 广场的基本形状 —

广场出入口、观察点、强调视角效果的广场边界

	出入口的轴向调整			相切的出入口
正方形的广场形状		★	★	★★
矩形长条形的广场形状	★★	★	★	★
组合的广场形状	★★	★		★
圆形的广场形状	★★	★		★

● 广场形状内的观察点　　　突出的广场边界　　★★ 封闭的空间效果

广场的空间效果取决于道路或广场及出入口宽度的空间比例关系

相对弱化的广场效果，道路或广场的空间断面没有太大区别		
突出的广场效果，道路或广场的空间断面明显区分	★	
非常突出的广场效果，设有空间狭窄处或门户建筑	★★	

广场空间 —比例，空间效果—

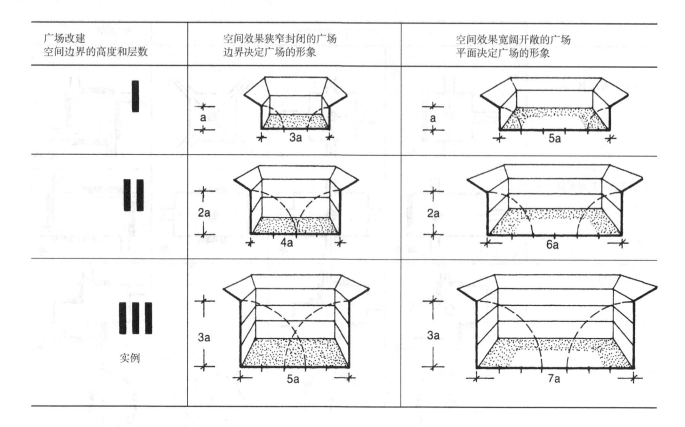

广场空间—倾斜的广场用地的效果—

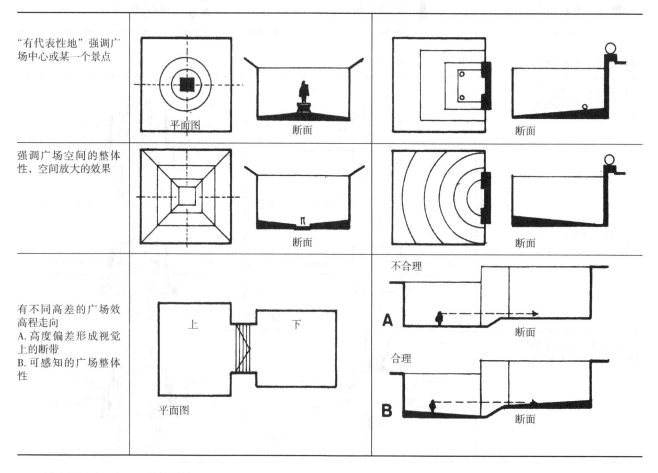

84　城市设计（下）——设计建构

3.6.11 规划设计实例——某城市广场的新造型

场所现状调查和造型理念的发展

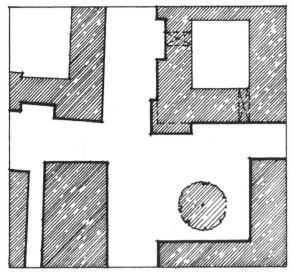

待建平面的形状，建筑的基本形式

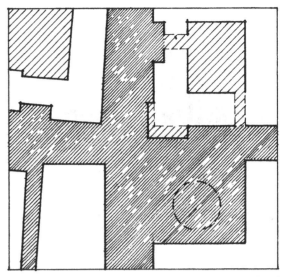

公共和私人用地的结构与比例，外部和内部区域的结构与比例

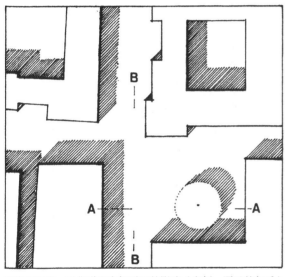

光线和阴影，对街道和广场平面的影响（实例：夏日的午后）

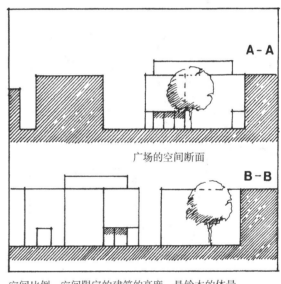

空间比例，空间限定的建筑的高度，悬铃木的体量

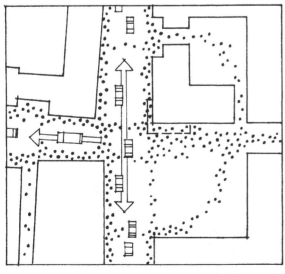

引入对活动种类和密度的调查，主要的步行和车行方向，目的地定位

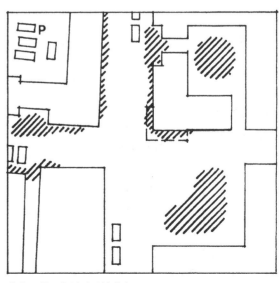

停留区域，与活动区域分离

第3章 城市造型设计的总体建议 85

规划设计实例——某城市广场的新造型

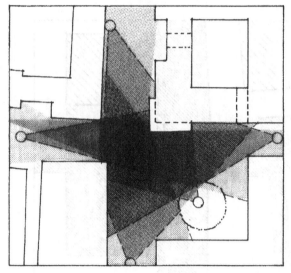

视线关系，朝向空间结构、确定的空间界面、建筑与物体的场景（外向）视线

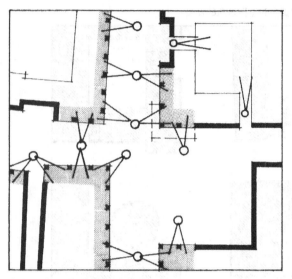

内向视线，透明封闭的空间墙体，目高视野中"事件"的视觉感知，外部和内部空间功能上的联系

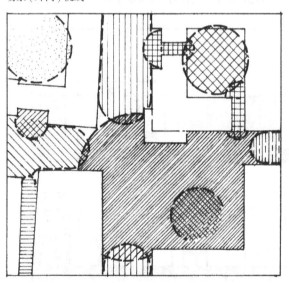

氛围特点不同的区域（空间形象、形态、活动）

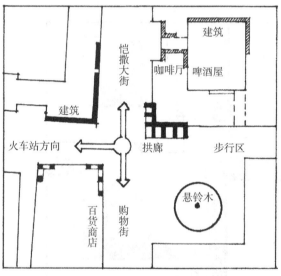

带记忆标记的地点，方向性

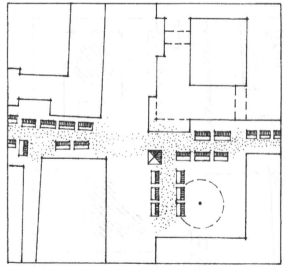

与场地密切相关的"事件"（例如市场日），场景、用途和活动流线的暂时性改变

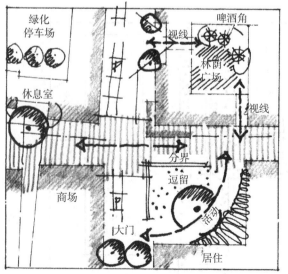

用于补充和变化造型的设施和基本面貌的总体概念

某城市广场的新造型——造型方案

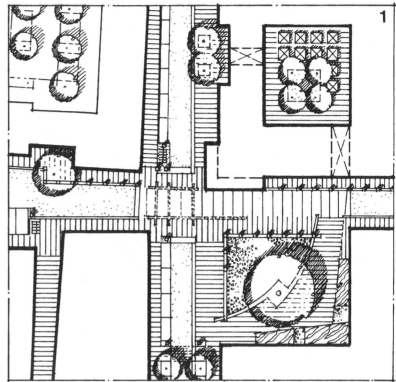

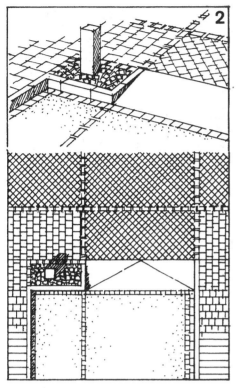

造型设计的结果
1. 城市广场、进入道路和附近街区内部空间的造型方案
2. 道路或广场表面和设施的细部造型设计（实例）
3. 特殊用途的说明计划（实例）
4. 用以说明造型设想的透视效果图（实例）

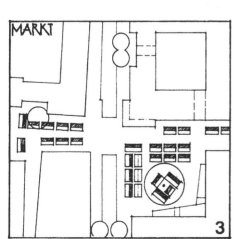

第 3 章 城市造型设计的总体建议 87

3.7 步行道的造型

作为公共活动和生活区域的行人活动区域受到已建和未建特点的影响。由于主观感受的多样性，空间、时间和氛围的体验对每个行人而言都是不同的。行人的行为方式、缓慢的速度、敏感性、适应能力和有限的视野使之极为强烈地体验到周围环境的细节。用于定位和识别的固定地点、熟悉度、感受度与惊讶度、实用性、安全性等特征都是市民与其周围环境的社会和精神关系的重要前提条件。

道路的选择与道路的用途、天气和行人的情绪密切相关：

——悠闲地散步、休憩和观察，嬉戏和感受自然或者

——购物、匆忙地赶路、参加公共活动。

因此，建议在道路造型设计时采用不同的氛围作为连续性的空间体验：

——具有自然关系的"安静的道路"(A)以及

——与城市建筑和空间造型关系突出的"热闹的、城市的"道路(B)。

也见上册 4.2。

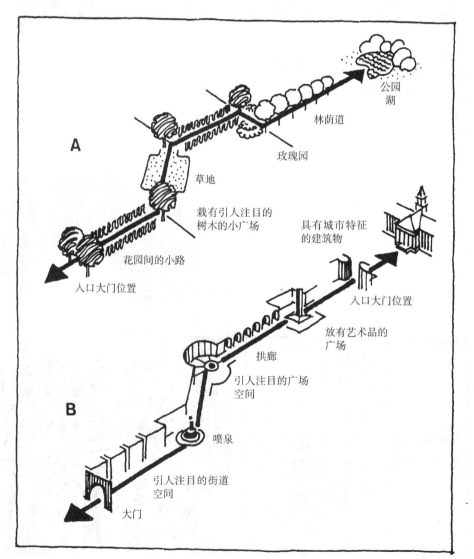

3.7.1 穿越城市的步行道作为交替式的体验区

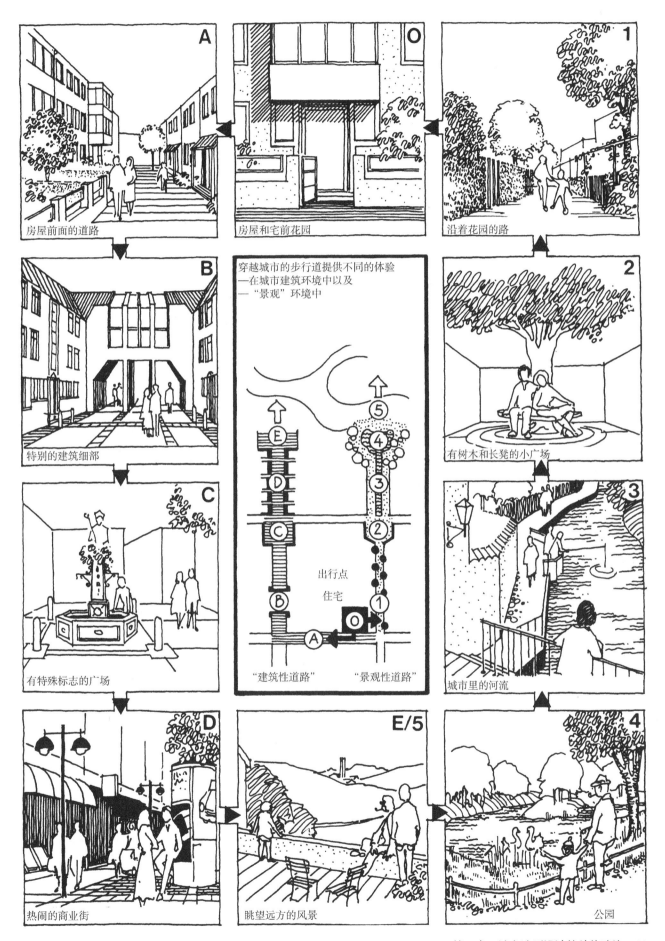

3.7.2 步行道设施、装饰、造型的建议

出行点：住宅

功能、目标区域	"直接可达的"距离		结构特征
	行人	骑自行车者	步行路线
直接的居住环境 幼童的游戏场地、休息场地、集合地点	50~100m 2min	100~200m 4min	在住宅附近联系所有目的地的步行线路。与车行道无交叉。人行和车行交通混合时，"慢速交通"拥有绝对的优先权。与上一级的步行道系统相链接
扩展的居住环境 日用品商铺、市民之家、幼儿园、小学、儿童的游戏场、运动场、小型公园、公共短途交通站点	最远600m 10min	最远600m 3min	连续的、通往目的地的步行和自行车线路，道路走向具有"理想线路"，遵循不同氛围的可选路线，与车行道的交叉口采用分层或行人（骑自行车者）优先的交叉口安全保障措施 最大绕行系数1.2
较远的学校、中心供应设施和公共设施、（城区）公园 （下班后的休息场所） 工作地点	最远1000m 15min	最远1000m 5min	连续的、通往目的地的步行和自行车线路尽可能位于——不依赖车行道走向的——独立的路线，按等级区分的主次道路结构，与主干道的交叉口采用分层或交通灯，"慢速交通"优先保障安全 绕行系数约为1.2
中心供应设施、文化和教育设施、运动设施、休息区域、工作地点	约1500m 25min	约1500m 8min	同上，但是绕行系数约为1.4 步行和自行车道路系统的组成部分，被看做城市的整体（一体化系统），并与周边地区的交通网联系密切

步行道设施、装饰、造型的建议

与周围环境的空间功能关系	环境影响	定位， 环境——体验
扩展的居住区域与住宅的空间功能和精神上的密切关系，游戏、交流和休闲区域，从住宅往外可以观察道路和游戏区（看得见，呼得应）	阻挡气候影响（刮风、气流、下雨），阻挡噪声和废气，人行道和步行区域的走向与周围的建筑设计随着时间变化而产生"阴阳"变化，在建筑密集区为游戏和集合区域加盖雨篷	作为居住功能向开放空间和社区拓展，环境特征包括私密性、隐蔽性以及周边环境的确定性。住宅的窗与街道之间有视觉上的联系（社会监督）
可选： a) 建筑的走向，"封闭的"街道空间，住宅和住宅组团路网前的集散小路，考虑公共设施的因素，公共特征的元素（住宅入口和商铺入口）。 b) 开放空间中和"自然"环境中（植物、地形、水域）的走向，考虑游戏、休息和活动区域的因素	阻挡气候影响（刮风、气流），阻挡噪声和废气，建筑走向和设计随着时间变化而产生"阴阳"变化，建筑密集区和使用频率高的道路上加盖不间断的雨篷（拱廊或挑檐）	通过具有不同特征的空间序列——包括设施布置——本该使其与目的地的关联清晰可见。整体道路走向清晰可见，相关节点序列清晰可见（定位标志点，距离的远近）。 道路和建筑群之间有着视觉上的联系（社会监督＝安全）
可选： a) 建筑内的走向，住宅区的集散小路。 b) 开放空间中的走向，与自然景观空间的联系，游戏、体育和休闲设施、景观特征的考虑	通过车道隔离阻挡噪声和废气	通过标志物和视点来引导道路的走向。与现有的各种场所特点（建筑、设施和景观）有关联，将距离清晰划分为可视区段
城区的集散小路，居住区域，中心区域其他同上	通过车道隔离阻挡噪声和废气	通过标志物和视点来引导道路的走向。与现有的各种场所特点（建筑、设施和景观）有关联，将距离清晰划分为可视区段

步行道设施、装饰、造型的建议 3

设计	设施 也见上册 4.2.2	尺寸 也见上册 4.2.2
小比例的、多变化的造型，道路和小广场（游戏、休息和晒太阳）空间上和功能上的区别。细部造型与建筑环境相协调。道路的走向和设施布局使得私人领域不会被窥视、噪声及游戏活动所影响，多变的使用功能与设施，满足儿童和成人游戏的要求，街道上举办节庆活动的可能性	照明条件良好，树木、花卉、休息凳、废纸箱。 无台阶或阶梯的必要连接线路——适合残疾车的平缓坡道，次要道路上设有（用于童车的）带坡道的阶梯，带平滑表层的"跑道"适于残疾人、轮椅车、童车和溜冰鞋	主要人行道 2.0~3.5m 次要道路 1.5~2.0m
	照明条件良好，树木、长凳、儿童游乐器材、喷泉、废纸箱。 无台阶或阶梯的主要道路——平缓的斜坡，只带有平缓的台阶和斜坡的次要道路。 电话亭，邮筒	主要人行道 3.5~4.5m 次要道路 2.0~3.0m 自行车道： 　单向交通 2.5m 　双向交通 2.5~4.5m
不同空间形态的空间序列（小巷、道路、广场），比例和细部造型与尺度相协调，周边建筑的造型与主要材料协调，与满足活动的商业空间造型相协调。	有照明， 休息长凳、废纸箱、林荫道，特别的单棵树木，树木群，儿童游戏场（游戏）设施，广场作为约见点-商业区，"较平滑的"道路铺面，没有台阶，只有平缓的斜坡。 电话亭、邮筒、信息栏、城市地图	主要人行道 3.5~4.5m 次要道路 2.5~3.5m 自行车道： 　单向交通 2.5m 　双向交通 2.5~4.5m
资料来源："步行者的空间"。	有照明， 带雨篷的休息场所，"较平滑的"道路表面，没有台阶，设有招牌、信息栏、城市地图、紧急呼叫亭	主要人行道 3.5~5.0m 自行车道： 　单向交通 2.5m 　双向交通 2.5~4.5m

3.7.3 步行道上的设施及其造型细部

实例1：
人行的木桥和渡桥

通过不同构造和造型的木板桥和渡桥跨越水体

木板桥　木桥
钢桥　石桥

实例2：
人行地道

A. 人行道和小河走向下穿四车道的交通性道路，宽敞明亮的地道，象征着与自然景观呈开敞型联系的小河
B. 人行道和自行车道的共用地道

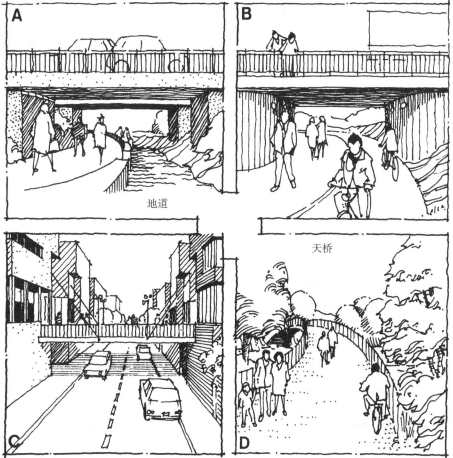

地道　天桥

人行天桥

C. 人行天桥作为与周围建筑功能上和形式上的联系
D. 属于公园道路延伸的人行天桥
参见上册 4.2.2.9，4.2.2.10

实例3 人行地道下口处的造型

重要的设施和设计特征：
—在街道和广场空间上的易识别性
—定位特征（在下口处应该已经能够识别对应上口处的位置）
—照明良好
—阻挡风雨
—宜人的入口造型

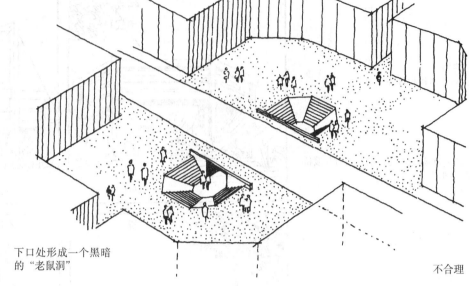

下口处形成一个黑暗的"老鼠洞"

不合理

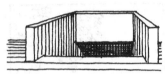

下口处仅仅作为地面开口，没有识别特征（上下出口之间没有目光联系）

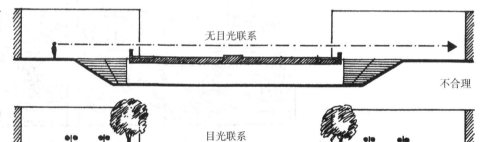

不合理

下口处有定位特征（树木、照明）

合理

下口处有定位特征和阻挡风雨的功能（树木、顶棚）

合理

用于标识的最基本设施以及通向地道的下口处的设计
—明显的造型，很远就能看见
—楼梯和地道照明好

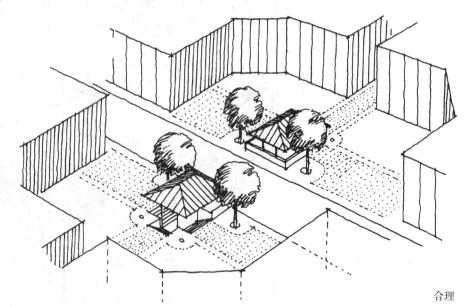

合理

94 城市设计（下）——设计建构

实例4：
休息和停留的舒适性

—座椅设施

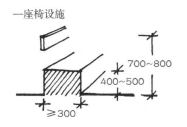   

长椅　　矮墙作为可　　柱椅　　木椅　　围栏　　可移动的座位
　　　　坐的台阶

—躺卧设施

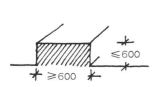   

较宽的矮墙边缘　　厚木板　　草评

—倚靠、设施

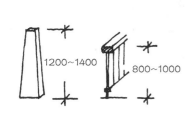    

低柱　　栏杆　　树干　　外墙

—热闹的街道和广场的停留设施—休息和参与—

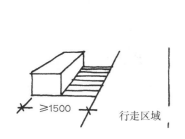 行走区域

路边的长椅　　街道和广场旁的低柱　　围栏/扶手观景台

第3章 城市造型设计的总体建议

—不受影响的停留场所

远离道路的座位角　　　不受影响的约会场所　　　隐蔽的休息场所

—停留场所的风雨遮挡

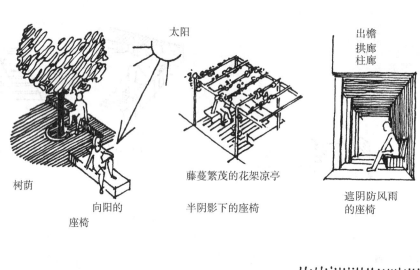

树荫　　向阳的座椅　　藤蔓繁茂的花架凉亭　　遮阴防风雨的座椅

半阴影下的座椅

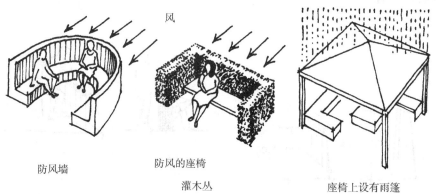

防风墙　　防风的座椅　　座椅上设有雨篷

灌木丛

—必要的座椅

游戏场旁的座椅　　车站旁的座椅　　商业街的休息长椅

实例5:
停留场所及其与周围环境的关系
— 实例 —

住宅周围

在城市环境及建筑较为特别的的场地边

在美丽、高大的乔木旁

在引人注目的艺术品前

环形座位

—内圈向内的座椅
—外圈向外的座椅

热闹的街道和广场旁

观景台旁

喷泉和水池旁

河边和池塘边

3.8 水体作为城市形象的体验要素

人造容器中的水或"自然"之中的水的造型

—少量流出的水

喷泉、人工瀑布、水沟

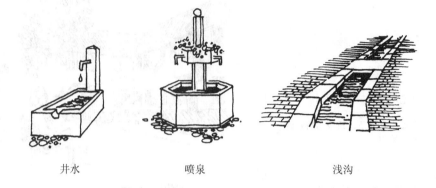

井水　　　　　　喷泉　　　　　　浅沟

—畅流的水

小溪、河流、市内通航运河

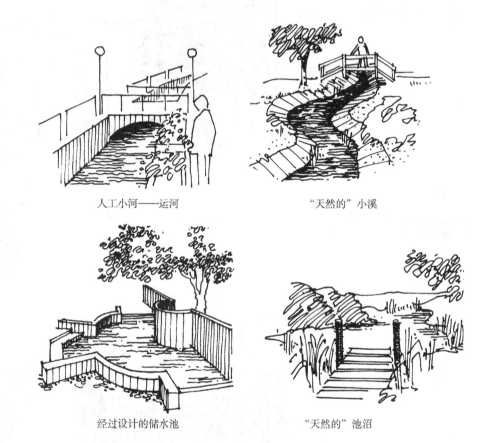

人工小河——运河　　　　　"天然的"小溪

—静止的水

储水池、池沼、池塘、湖

经过设计的储水池　　　　　"天然的"池沼

"经过设计的"池塘　　　　　　"天然的"池塘

98　城市设计（下）——设计建构

3.9 树木作为造型要素

3.9.1 树木的美观性、体验性与实用性

作为瞭望的对象　　防护性天篷　　儿童攀爬的游戏场所　　安全隐蔽场所　　果树

实例1：树木可以作为规划的出发点。以下草图具体表现了如何将规划区现有的美丽树木作为各种情境的出发点和造型的中心点

自然景观中的单棵树木　　　　　　　　　　　作为定位标志的树木/位于道路交叉点的树木

位于广场中心的树木　　　　　　　　　　　　位于公园中心的树木

实例 2：
围绕房屋、道路和水体的树木

—建筑物在自然景观中占主要地位，树木与建筑的形态差别很大，景观位于开敞的大自然中。
—"屋前树木"建立起与自然的联系，将建筑物与所在地的环境联系起来。
—建筑物通过树木和树木背景从空间上与自然景观产生联系。

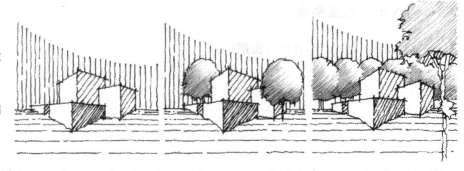

自然景观中的建筑物

—树木沿着道路、街道和水体，凸现其走向，将其引入自然景观中，并将道路长度分割成清晰的段落。

乡村街道　　　　林荫道　　　　小溪

—独户住宅区：
房屋体量决定居民区形象，花园穿插其中，却没有特定的形象。
—树冠和建筑的数量也同样决定居民区的形象，灌木丛将树木平行排列，形成适宜的比例关系。

房屋紧凑　　　　置身于大花园中的房屋

—树木围绕房屋和居民区，起到保护作用，在面向阳光的一面开敞，树木和树列可遮风挡雨，形成清晰的空间分隔。

 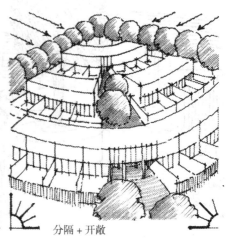

"阳光窗"　　　　分隔＋开敞

100　城市设计（下）——设计建构

3.9.2 树木作为街道与广场中造型的要素

人工环境和自然环境之间的过渡区的造型

—位于"已建"街道通往自然公园景观之过渡区中的广场

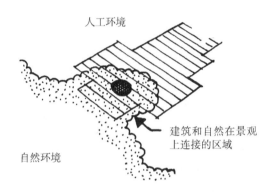

—由喷泉、矮墙、台阶、铺面材料等人工景观要素组合而成的面向广场的建筑物开口处，通过房屋立面分隔广场空间。

—属于"自然"景观组合要素的单棵树木、灌木丛、花草。

分隔广场空间的树木背景，将人的视线导向广场的道路（林荫道）。

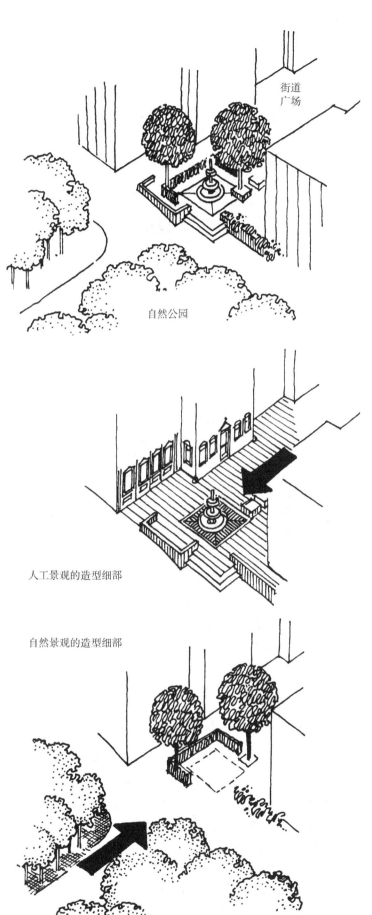

属于街道与广场造型要素的树木　　　　　　　　　　　　　　　　　　　　　　　　—实例—

树木作为人工环境中的造型重点

树木、灌木丛、地面植被作为人工的"景观"渗透

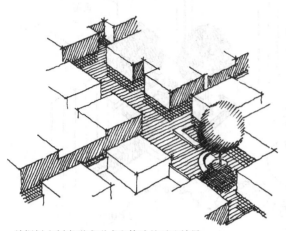

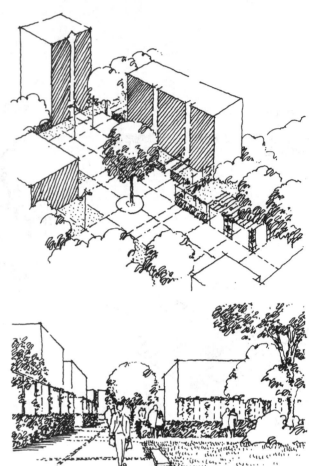

—单棵树木刻意形成形式和体验的对比效果

—人工造型背景中的树列 / 树阵

—造型整体概念中的"自然"形式和人工形式的独立性

—形式和结构的平和过渡

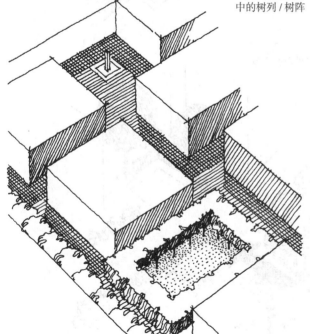

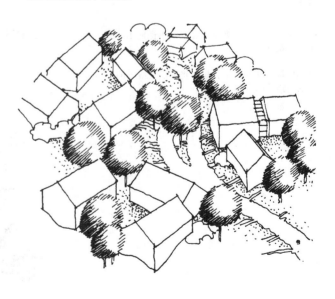

102　城市设计（下）——设计建构

属于街道与广场造型要素的树木

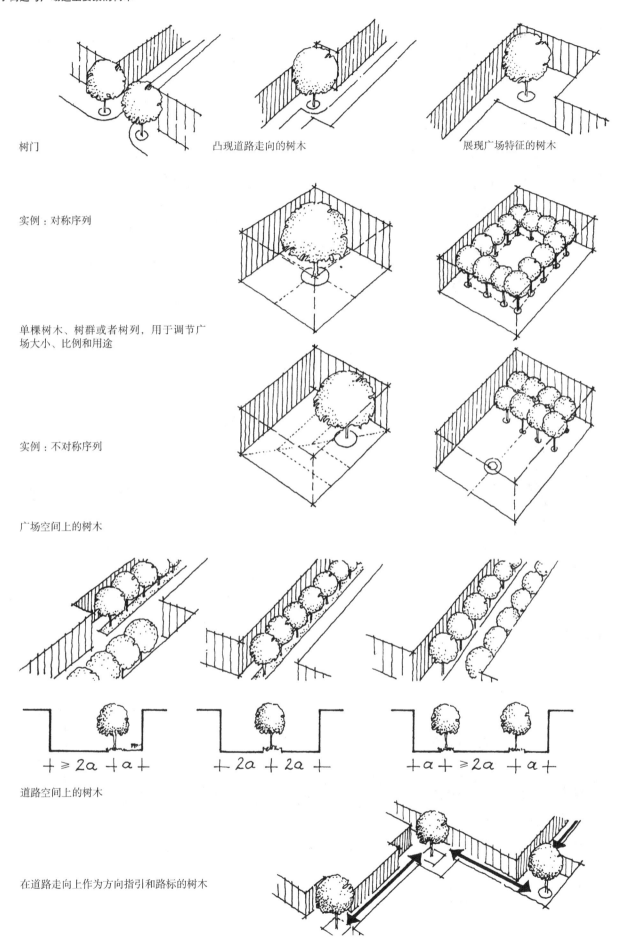

树门　　　　　　　　　凸现道路走向的树木　　　　　　　展现广场特征的树木

实例：对称序列

单棵树木、树群或者树列，用于调节广场大小、比例和用途

实例：不对称序列

广场空间上的树木

道路空间上的树木

在道路走向上作为方向指引和路标的树木

属于街道与广场造型要素的树木

城市道路改建措施范畴内的树木种植

—实例—

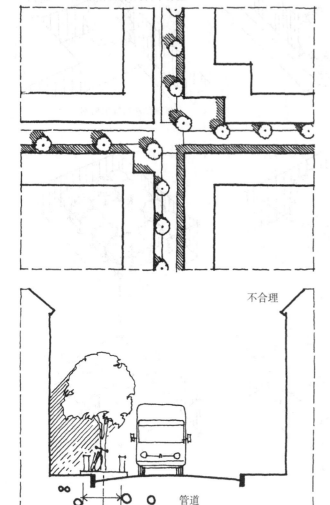

不合理 | 合理

路面狭窄时,树木(树根、树冠、日照)的生长空间过窄,无法为树木提供生长机会。树木会弯曲,无法实现形态及生态的预期效果。

树木种植局限于公共空间区域,仅部分树种能够生长。形态和生态效果较小但生长较好的树木要比弯曲的树木更高大。应更注重强化在私人开发地块内种植。

参见上册 4.7.4.3

3.9.3 适用于不同场地的树木类型

—选型—

| 狭窄的道路空间,参见上册 4.2.2.14 | 道路沿线的绿带(林荫道) | 广场空间、公园的树木(单棵或多棵树木) | 步行道、林荫道、停车场 | 位于开敞型景观中的步道和街道(林荫道) |

宽:3~5m
高:5~10m
球型筱悬木槭、球型金合欢属、山楂树、白蜡

宽:5~10m
高:10~20m
刺槐、槭树(欧亚槭)、花楸树

宽:≥10m
高:10~20m
七叶树、悬铃木、椴树、榆树、筱悬木槭

宽:3~5m
高:5~10m
球型筱悬木槭、球型金合欢属、山楂树、日本樱花树

宽:≤10m
高:≤20m
杨树、悬铃木、花楸树、刺槐、栗树(红色)

3.9.4 一棵树的历时变化

树木生长成形需要时间和耐心。外形和空间效果也会随着季节变化而改变。设计树木周围环境的造型时必须考虑这一改变。

1920 年

实例 1：

——一间简陋、矮小的房屋，造型毫不起眼，任何地方都可能出现。
——几十年后，一棵漂亮的大树在屋前成长起来。房屋和大树形成一个整体，简单的建筑衬托出大树造型的表现力。大树使很普通的房屋显得不可替代。

1950 年

实例 2：

设计构想：树木作为居民区的中心。
设计广场造型时，必须考虑树木长成期望的大小和效果所需要的时间。在树木完全长大之前，应通过空间比例、建筑和细部构造来保证广场造型。茁壮成长的大树则会一年比一年漂亮。

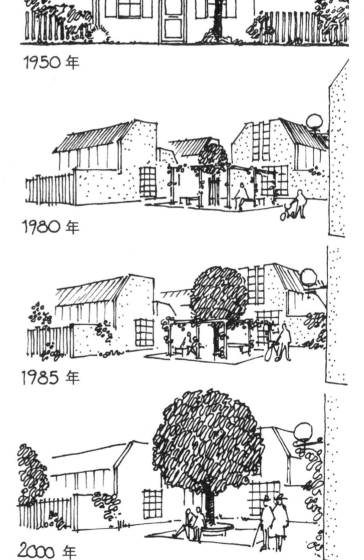

1980 年

1985 年

2000 年

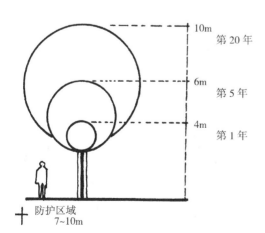

10m 第 20 年
6m 第 5 年
4m 第 1 年

防护区域 7~10m

实例3：
斜坡上的独户住宅区

通过树木改变居民区的形象。
A. 现有的、健康的树木作为贯穿整个住宅区绿化的设计出发点。
B. 为新树木的成长提供空间，使现有树木也能被纳入树木带中。
C. 房屋成群聚集，房屋群之间的间距清晰。
D. 间隔地带可作为大树冠树木的生长区，使树木围绕房屋群，并将建筑和景观联系起来。
E. 单棵大树可成为住宅区设置一个小型"绿地广场"的诱因。
F. 种植更多的树木使广场空间明确，形成遮阴场地和有光照的场地，原先深受建筑影响的广场形象变为一个树木庭院。

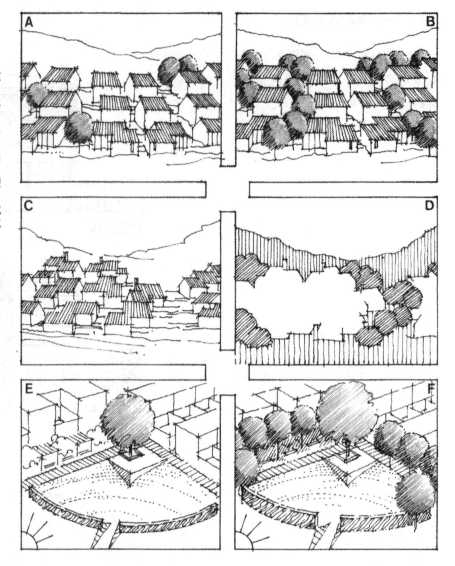

3.9.5 树木用以挡风遮雨

单棵树木或树伞在建筑前起挡风遮雨作用。

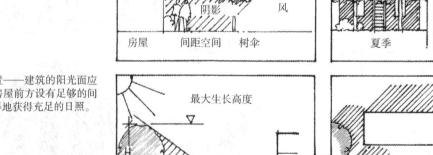

邻近建筑的树木位置——建筑的阳光面应考虑在落叶树木和房屋前方设有足够的间距，使树木毫无阻碍地获得充足的日照。

106 城市设计（下）——设计建构

3.10 住宅周边环境的设施和造型

1. 自宅
2. 入口区域——宅前花园
3. 宅前街道
4. 邻宅

5. 游戏场地
6. 座椅／聚集场所
7. 小商店／餐馆
8. 绿地

9. 街道名称
10. 建筑特征性正立面
11. 街道形象
12. 独具特征的广场

13. 与邻近区域的道路连接

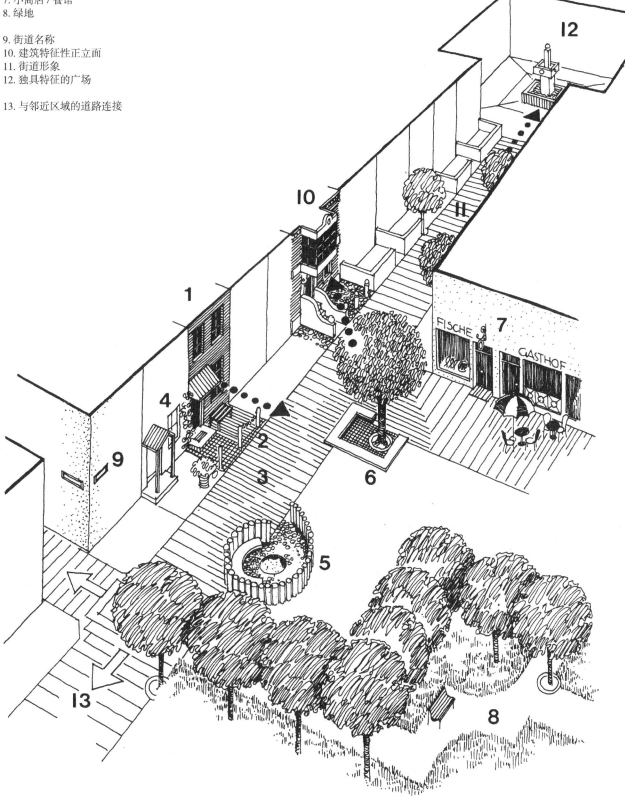

第 3 章 城市造型设计的总体建议

3.10.1 住宅周边环境中设施、活动空间与体验空间的结构

—图示—

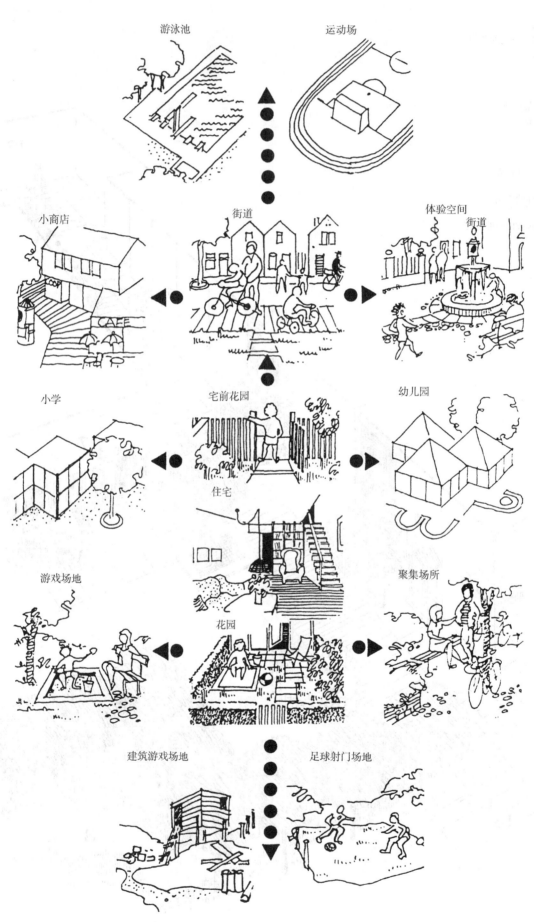

108　城市设计（下）——设计建构

3.10.2 住宅周边环境的扩展区

住宅区或城市局部地段

居住环境作为功能空间和体验空间

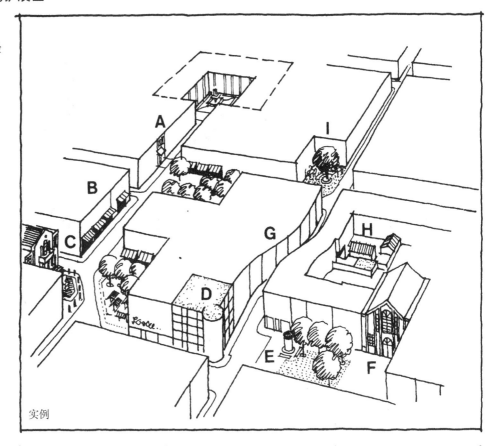

实例

A. 宅前街道,有熟悉的事物的地方
B. 邻近的小商店,日常采购的目的地,会面的地点
C. 某行政部门的入口 – 权威的象征——门槛区域
D. 附近的新建筑,引人注目和谈论的形象
E. 带有自己"气味"的地方,因为(或尽管)有些破旧和脏乱而给人亲切感
F. 旧肌理,年轻人的聚集场所,熟悉的正立面和脱离日常轨道的生活
G. 街道空间,住宅区唯一一条弯曲的道路
H. 作坊,"戏剧化表演"
I. 菩提树下的啤酒园,"用表演进行社交"

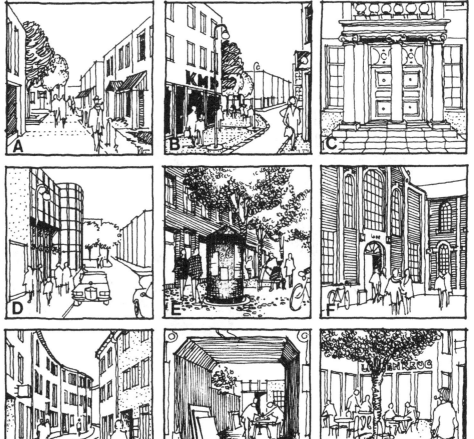

第 3 章 城市造型设计的总体建议

3.10.3 住宅周边环境中的设施可达性

空间和功能关系的出发点：

住宅

根据距离和时间排序

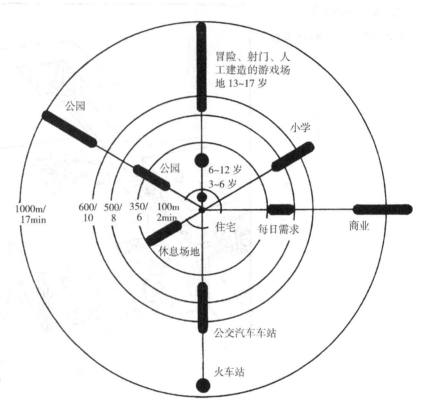

3.10.4 住宅周边环境中的游戏场所

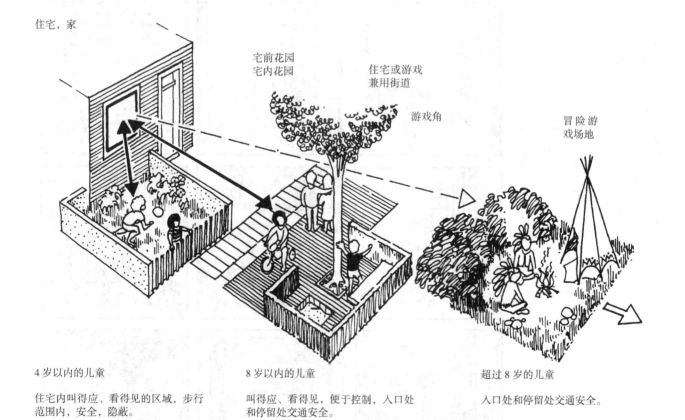

4岁以内的儿童

住宅内叫得应、看得见的区域，步行范围内，安全，隐蔽。

宅前花园和宅内花园，花园庭院。

8岁以内的儿童

叫得应、看得见，便于控制，入口处和停留处交通安全。

游戏角、游戏场地，位于道路空间或绿化地带、游戏兼用街道。

超过8岁的儿童

入口处和停留处交通安全。

公园里可自由使用的游戏场地，冒险和人工建造的游戏场地、嬉水场所、自然游乐场所（儿童可自行种植）。

3.10.5 住宅周边环境中的广场造型与开放空间造型

有一个命题说的是住宅和住宅环境各决定住宅区的耐用性和价值评估的一半。这清楚地表明，为宜人的外表、公共的空闲场地提供多样化的用途和体验作为设计目标是多么重要。

应尽可能从节约面积的角度考虑，多在住宅区内"插入"具有不同功能和形态的小型场地（可参见第61页、第67~69页）。

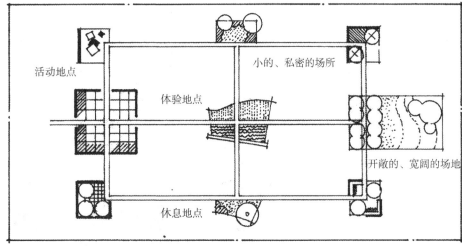

住宅环境中的广场和空闲场地——图示

功能、体验、氛围
—位于道路交叉口的热闹的广场，每日采购和活动的交点
—特殊体验活动的地点
—休闲和归隐的地点

空间边界
—建筑的空间分隔墙
—"缓和地"向纵深分层的空间边界
—有提示的空间边界，平视位置的通透性

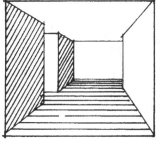  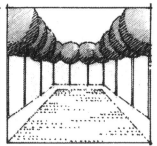

光线和阴影
—明亮的光线，清晰的阴影（对比）
—明亮刺眼的光线／清晰的阴影与昏暗的光线／模糊的阴影相对
—昏暗的光线，模糊的阴影，温和的过渡

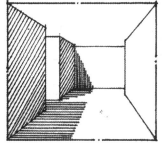  

广场上的天空
—空间形状的清晰轮廓
—空间形状的流动光线写照（夏季和冬季形象的改变）
—树顶阴影区与光线／视线

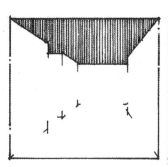 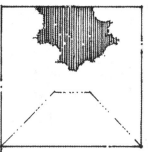 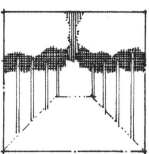

通向天空的开口的对比
住宅周边的小广场和空闲场地

—造型工具—

地面表面状况

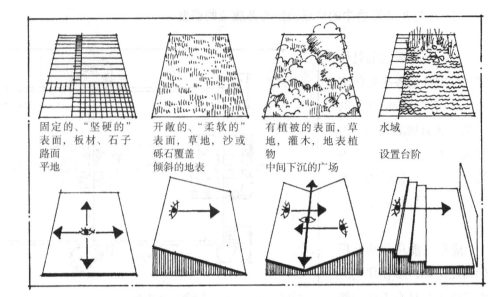

固定的、"坚硬的"表面，板材、石子路面
平地

开敞的、"柔软的"表面，草地，沙或砾石覆盖
倾斜的地表

有植被的表面，草地，灌木，地表植物
中间下沉的广场

水域

设置台阶

场地形状

形式语言

A. 几何形式
B. 结合几何形式与自由形式
C. 自由形式组合
（可参见第37~40页）

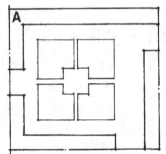 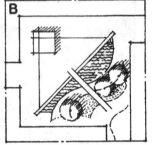 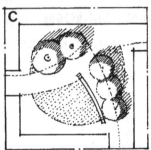

A. 广场空间均质改造
B. 广场空间内设置树木方阵
C. 通过体量和强调某部分块面分割广场空间

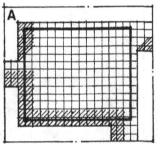 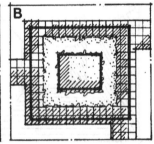 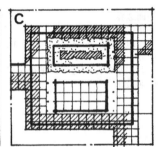

高度分层

A. 高耸的树木群和石柱，深水池
B. 将广场分割为上广场和下广场

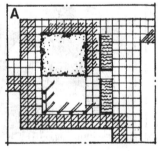 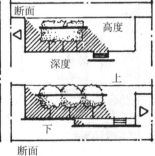 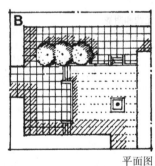

断面　　平面图

硬朗和柔和的形式

A. 严厉的、几何联结的形式让人印象深刻
B. 硬朗和柔和的形式元素的对比
C. 柔软的、有机的形式造型让人印象深刻

住宅周边的小广场和空闲空间　　　　　　　　　　　　　　　　　　　　　　　　　　　—造型实例—

1. 改建的、建筑特征显著的
广场实例——会面地点和活动地点

—空间比例
—房屋建筑
—地面（结构、材料）
—设备和形态的特征
（例如照明、树木、喷泉、长凳、倚石）

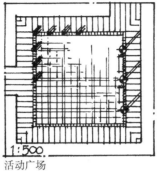
活动广场

树木广场

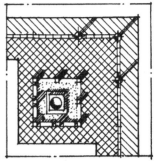
喷泉广场

2. 小型"绿化广场"实例——会面
地点、休息和游戏地点
—用落叶灌木丛围边
—巨大的树木
—草地、开花灌木群
—长椅
—动态的场地形式（扩大可见表面，
使小广场显得更宽敞）

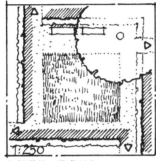
人行道的"聚集地"

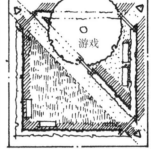
沿人行道的休息和游戏角

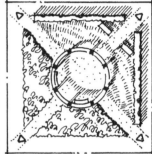
人行道的交叉点
-整合与分配-

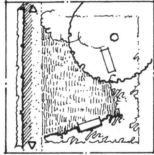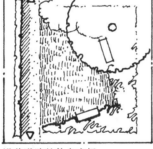
沿着道路的休息广场

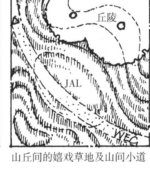
山丘间的嬉戏草地及山间小道

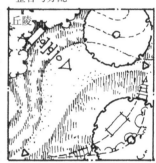
嬉戏和休息广场上下可坐

3. 较大的"绿化广场"实例——
休息和会面地点
—通过灌木丛确定的空间边界
—巨大的树木
—草地、茂盛的灌木群
—草地、阶梯式场地
—长凳、休息矮墙、休息台阶
—蔓藤凉亭下的休息角

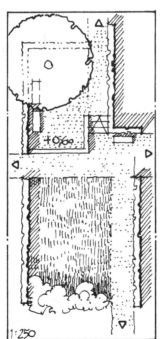
台阶式绿化庭院，休息场所

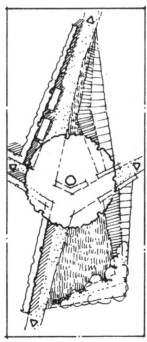
扩大道路交叉口

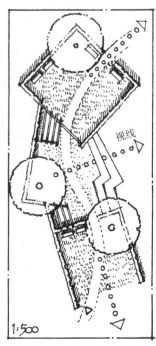
沿步行街的绿化庭院序列

（参见上册 4.10）

第4章 居住区的造型

对于普通市民而言,住宅及其周围的环境相对其他所有场所更具有显著的精神和物质的双重意义。与之相比,任何其他地方的个人和社会生活的造型都没有比住宅那样与场所的关联更为紧密的了。

因此,对于人的尊重以及社会价值观念能够并且必须首先在"生活空间"的造型上得以实现。

当然住宅区多元且善变的特性也给造型设定了限制。人们绝不应该把造型原则的教条主义地运用到控制"充满生机"的区域上。更多的任务在于——审慎且适度地——设立建筑设计和城市设计的框架——并且在该框架的基础上,一方面通过设立周全详细的标准推动造型设计;另一方面也提供住户自由发挥的可能性。

4.1 开敞型、松散型的独户住宅区

4.1.1 建筑的特点

开敞型、松散型的独户住宅区所具有的巨大吸引力在于，住户（大部分也是住宅的所有者）享有极大的自由度，可根据自己的意愿和生活习惯布置自己的住宅及其所属的地块和庭院。宅基地越大，就越能够进行大规模个性化的灵活布置——相反，小地块在建筑和庭院设计中就存在明显的局限。与高密度的建造型式相比，开敞型、松散型的建造形式需要更大的宅基地面积、更高的地价和开发成本，以及高耗能的建筑形式。由建筑间距越来越小带来的建筑造型问题，被高密度的建造方式列入优先考虑的对象。因此开敞型、松散型的住宅建造方式应首先用在乡村和城市边缘区域，以满足奢华的居住要求。

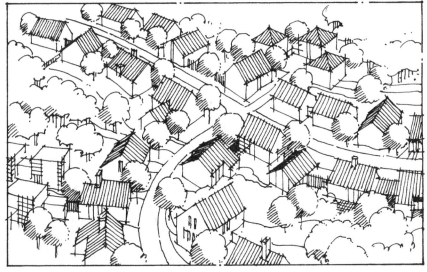

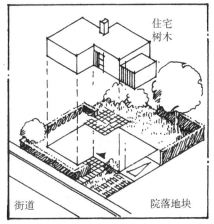

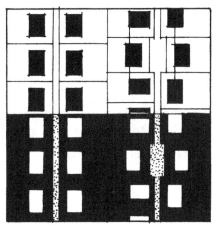

典型的开敞型（私人）住宅形式实例

出于对城市形态的考虑，要求自由的独户住宅由简单明确的几何形体构成，并且至少同一组住宅的屋顶造型必须一致。

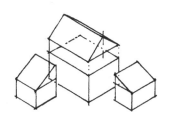

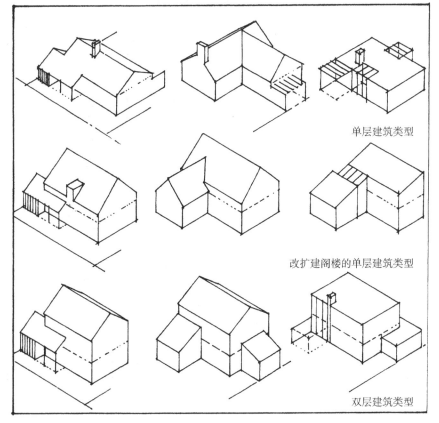

单层建筑类型

改扩建阁楼的单层建筑类型

双层建筑类型

—开敞型、松散型的建造型式

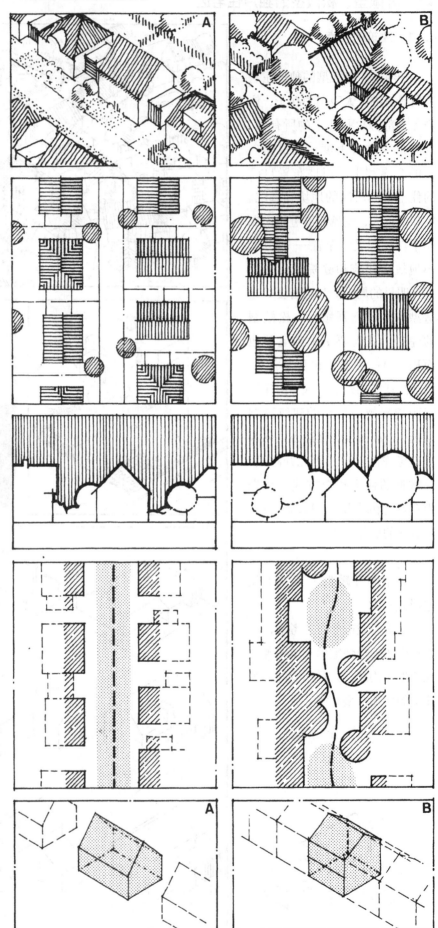

开敞型独户住宅的造型特点

A. 小地块上的独户住宅
每个建筑都有很大的自由度，构成异质的造型；
沿道路排列的住宅建筑缺乏空间限定能力；
住宅周边环境可以互换；
建筑的体量和形式主导了居住区的形象，轮廓线——庭院绿化必须被限定在灌木高度之下。

B. 大地块上的独户住宅
通过建筑设计的基本造型特点（建筑的比例和屋顶形式）来协调，建构了和谐居住区的形象；
建筑物和树木的布局和形式共同创造了一个富于变化的道路空间序列；
建筑的体量和树冠的大小具有同样重要的地位，彼此间形成强有力的对比；
从轮廓线来看，尖锐的屋顶边缘与柔和的树冠彼此结合，形成了美妙的画面。

建筑面积均为 120m² 的采暖需求对比的不同建筑形式

A. 表面积 A 314m²/ 体积 V 572m³
　　A/V 为 0.55　　　　不经济
B. 表面积 A 132m²/ 体积 V 423m³
　　A/V 为 0.31　　　　经济

4.1.2 居民区形象及其造型特点

实例1：宅基地和建筑布局都狭窄的独户住宅小区

实例2：宅基地狭窄建筑布局宽阔的独户住宅组团户

实例3：宅基地和建筑布局宽阔的独户住宅区

"居民区"

"宅内庭院"

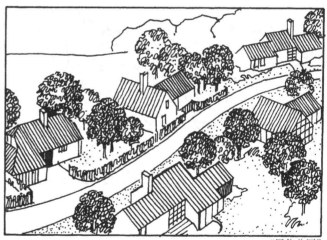
"居住公园"

一个开敞型的独户住宅区的外部形象很少是由单个的建筑造型所决定的，更多则是通过大量的造型要素——景观、地形、建筑密度、地块布局、交通组织、庭院造型以及建筑——的组合构成了这个住宅区的形象。这些造型要素越多，构成不同的居住区形象的可能性就越大。规划的任务就在于，根据具有地域特点的一系列造型要素创造出一个统一的总体造型。

因此必须首先努力找到一个能在自然景观和道路公共空间体系中居住区的视点。这个视点涉及居住区的整体形象，能够且必须在此限制个体自由并建立整体景观秩序。

第4章 居住区的造型 117

4.1.3 支路的造型

实例1：
居住区道路在结构和细部上的"人工"造型
—"近郊类型的"居住区
—具有小尺度的细部造型作为"围合的内部空间"（建筑密度相对较高）；
—过渡区域主要为封闭式造型；
—建筑、宅前庭院、道路和广场作为值得追求造型的整体概念（通过比例、材料和绿化的协调一致）。

（参见第67~69页及上册4.5.2）

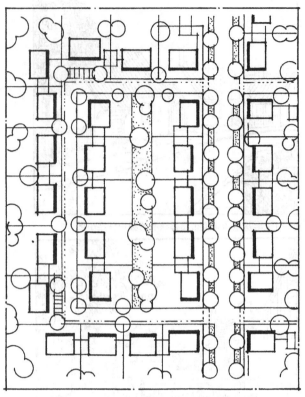

一个住宅区的实例——理性、面积紧凑的道路及宅基地秩序——平坦的规划区域

实例2：
线形柔和且细部周到的支路
—"乡村类型的"居住区
—开敞型的"公园特征"，公共区域和私人区域之间的过渡自然流畅；
—住宅的前院和后院主要为开敞式造型；
—街道不设硬质边缘；
—自由开敞的低密度建筑；
—建筑、庭院、绿化、街道和周围景观在形态上的组合

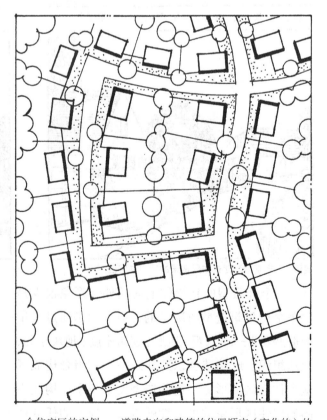

一个住宅区的实例——道路走向和建筑的位置顺应（变化的）的宅基地形状——大面积的宅基地允许种植高大的树木。

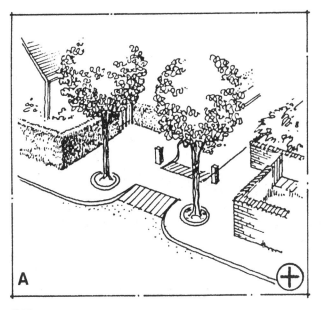 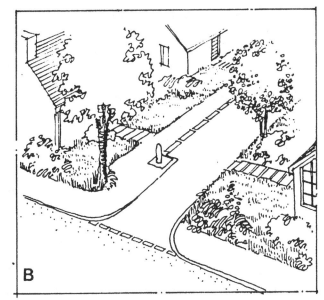

路口

居住区道路和紧急车辆可通行的宅间小路路口

A. 封闭的前院造型
B. 开敞的前院造型
（参见第 72 页及上册 4.5.2，4.7.3.2）

尽端路的车辆回转设施

A. 回转环直径 >15m
B. 中间种植树木的回转弯道
C. 回转锤

（参见上册 4.5.6）

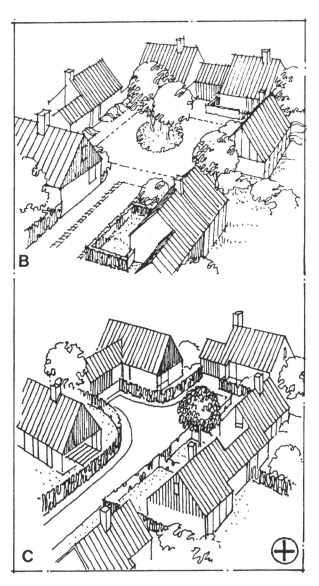

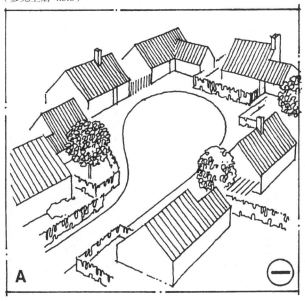

第 4 章 居住区的造型

4.1.4 作为居住区造型要素的过渡区域

道路形象是公共空间、过渡区域和建筑物等一系列造型要素的总和。过渡区域的重要任务在于建立建筑和街道形态的尺度、比例和实体间的联系。它要求通过仔细的考虑决定是否允许独立的形式语言，或者是否采用内敛中庸的造型。

街道空间平面片断

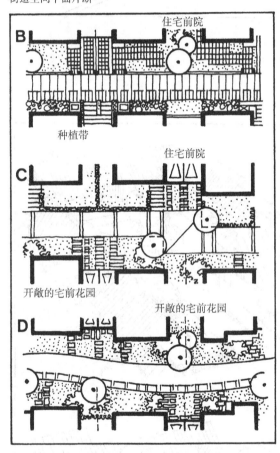

A.过渡区域中冷漠、单调的街道空间
—非常不合理—
B.一条封闭的宅间小路（紧急车辆可通行），基本形态朴素而又生硬，小尺度"细部事件"的序列；
C.宅间小路由开敞与封闭造型相结合的的过渡区域（公共前院、住宅前院）构成，空间形态具有多变性和多样性；
D.宅间小路与开敞的宅前花园相结合，空间大方并具有亲和力。

120　城市设计（下）——设计建构

4.1.4.1 宅前花园过渡区

实例1：
开敞的宅前花园区造型

建筑与街道在景观上直接相联系（不通过"布景"制造空间上和视觉上的分隔）。因此这栋建筑就彻底被组合到了过渡区和街道空间的整体布局之中。

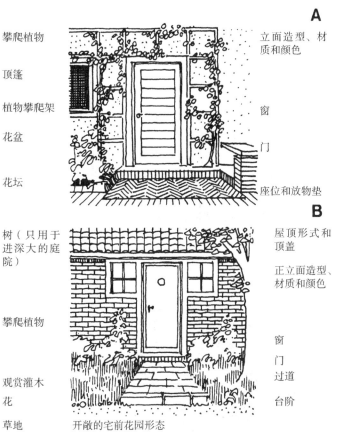

A
攀爬植物 — 立面造型、材质和颜色
顶篷
植物攀爬架 — 窗
花盆 — 门
花坛 — 座位和放物垫

B
树（只用于进深大的庭院） — 屋顶形式和顶盖
— 正立面造型、材质和颜色
攀爬植物 — 窗
— 门
观赏灌木 — 过道
花 — 台阶
草地 — 开敞的宅前花园形态

从公共区域到私人区域的过渡区

—分区图式

街道	公共区域
宅前花园	公共-私密过渡区域
住宅	私密区域
庭院	私密-公共过渡区域
街道/停车	公共区域

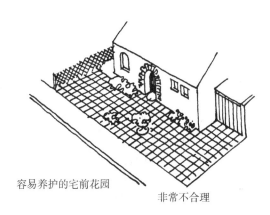

容易养护的宅前花园　　非常不合理

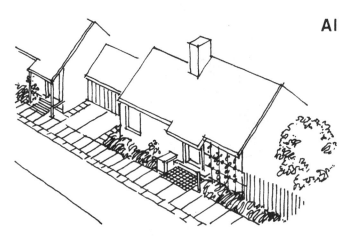
AI

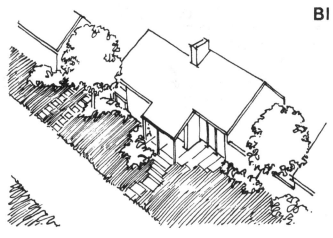
BI

造型特点和识别特点

—实例—

A, A1. 窄小的、个性化的"前庭"造型与配置
B, B1. 开敞型的宅前花园

实例2：
封闭的宅前花园区造型

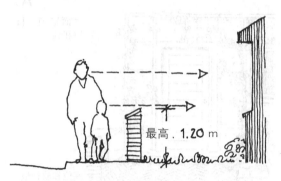

宅前花园围墙的高度应该不阻碍建筑和街道之间的视线。
（对儿童来说合适的最高不能超过70cm）

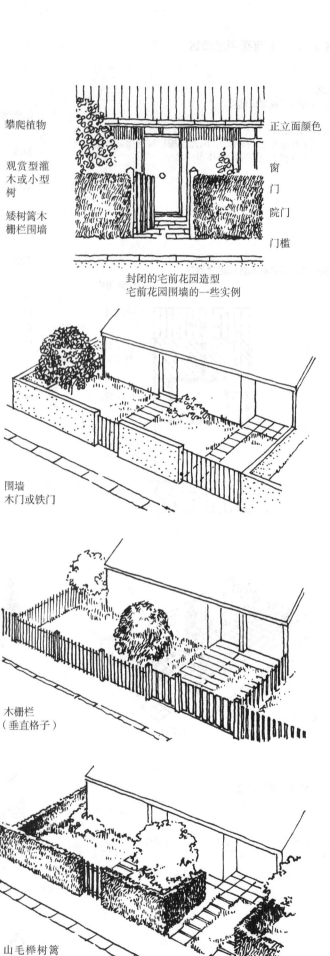

封闭的宅前花园造型
宅前花园围墙的一些实例

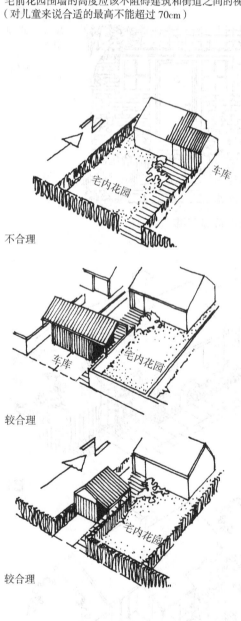

从"庭院一侧"入户的车库布置与造型实例。

4.1.4.2 宅内花园过渡区

实例1：
开敞的宅内花园造型

这种造型类型首先适用于从花园到开敞型景观、森林边缘或者绿化设施之间的过渡带。
开敞的造型——尤其对小地块来说——可以使户外的自由空间显得更大。

A.从宅内花园到邻家花园和毗邻的户外空间的流畅过渡。

B.通过一些松散的植物（地面植被、灌木丛和乔木）在地块边缘对宅内花园稍加界定。

C.通过微弱的地形高差（"一系列小山"）对宅内花园背面，有可能的话也对侧面进行轻微界定。

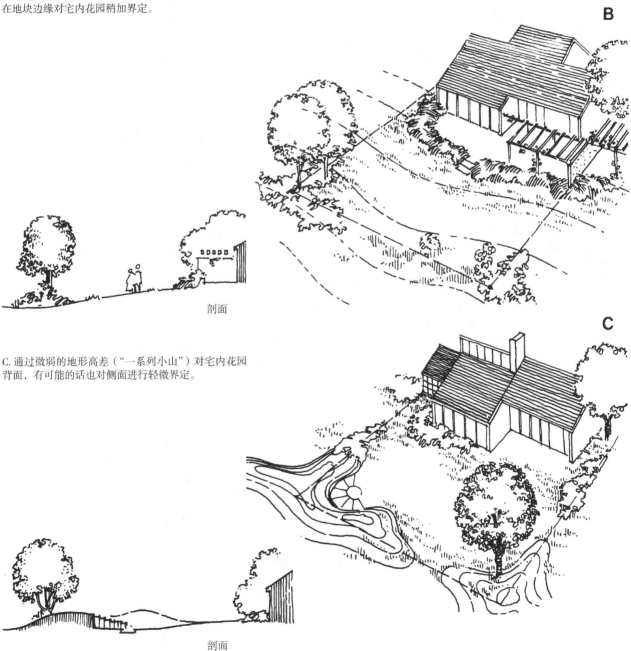

剖面

剖面

第4章 居住区的造型 123

实例2：
封闭的宅内花园造型

宅内花园的围墙实例

这种造型类型尤其适用于通向公共步行道、道路或者绿化设施的过渡带。密而高的围墙使庭院空间显得狭小，另一方面也提供了不受打扰的私密性。

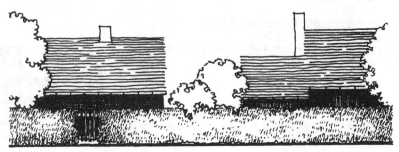

花园入口　　　　　　　　　山毛榉树篱

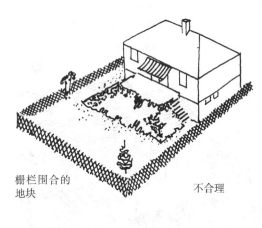

栅栏围合的地块　　　不合理

山毛榉树篱

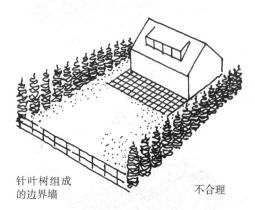

针叶树组成的边界墙　　　不合理

木栅栏

宅内花园的设施和围合的方式呈现出一种整体性（花园越小，边缘界定的功能和空间效果就越重要）。
对于封闭的宅内花园来说，围墙也不能生硬地划定住宅的边界，而应该是从内到外形成一个柔和的过渡。

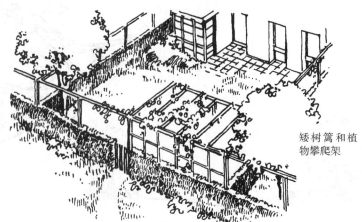

矮树篱和植物攀爬架

4.1.5 开敞型居住区的造型规定

现今开敞型、松散型的居住区内大多设置了个性化的住宅。然而从城市设计的目标出发,如要建立一个整体的形象,就可能产生极大的冲突。

这种把个性化建筑通过形态约束性约定整合在整体形象中的尝试(通过控制引导性规划的规定或者造型规章),大多都具有防御性特点并且可能引发众多争议。

例1:狭窄的宅间小路涉及的造型规定:

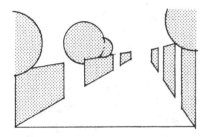

—街道形态
—宅前花园的围墙或长得较高的植物
—调和街道和建筑(庭院)的不同高差

因此可以建议把注意力集中在鲜明的公共空间造型以及与之相关的(私人)过渡区域上,以赋予住宅区统一的品质和识别性—并以此减弱个体造型的多样性。(也可参见第24~25页,第59页,第61页"前景")

例2:在空间上受到形态规定限制的居住区道路/入户道路:

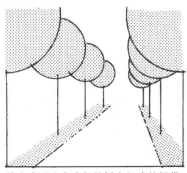

单边或两边由成行的树木组成的绿带(树木生长的高度和宽度要与街道的宽度和长度成正比)

具有封闭的过渡区域的宅间小路

通过封闭的前院到达高度均衡的宅间小路

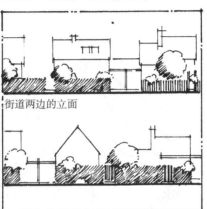

街道两边的立面

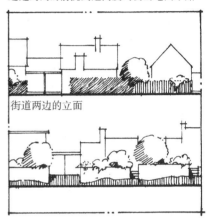

街道两边的立面

种植单边行道树的宅间小路,开敞和封闭的宅前花园交替出现

两边种植行道树的宅间小路,开敞的前院

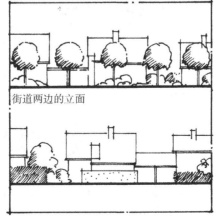

街道两边的立面

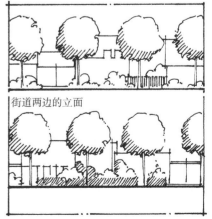

街道两边的立面

4.2 紧凑型居住区

4.2.1 紧凑型独户住宅建筑的特点

在上文中,已经讨论了影响形态的因素对建筑密度的依赖性。从尺度上来看(例如地块和宅间距变小等),对整体形象起到特定影响作用的造型特征已经从开放空间转移到了住宅的建筑设计和外部设施上。

在紧凑型独户住宅区,住宅建筑之间墙挨着墙紧靠在一起,只有住宅组群之间的街道、广场、庭院和绿地还"保持距离"。每一栋住宅都均布于行列或组团之中。建筑的总体和细部造型、庭院的围墙绿化决定了住宅区的整体形象。因此,建筑造型在细部上需要协调一致,以此保证整体形象的和谐。在用松散的建造方式建造的住宅区中,树木、树篱或一组灌木与建筑对比,还可能被接受。然而,与此相反,在密集的建造方式中没有什么可以平衡不协调形态的元素。因此在造型上必须"相互咬合"。

为了(借助着正面的生态、经济和社会效应)节省土地和造价,细致周到地处理建筑造型、使单体建筑和邻里间协调一致、建立造型规则并保证其实施显得尤为合理。

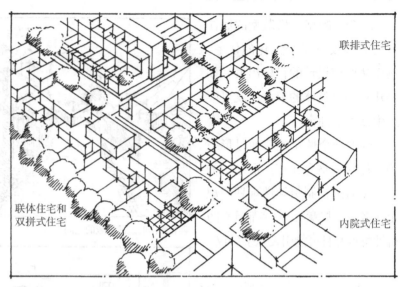

联排式住宅
联体住宅和双拼式住宅
内院式住宅

高密度建筑布局的"体量效应"和"场地效应"两种不同表达方式的比较

高密度建筑布局模型　　道路截面

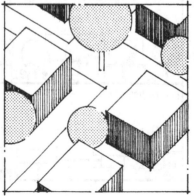 

自由布局的建筑形体组合　　过渡流畅的街道形象

不同表达方式的比较:
A.密集的建造型式——开放空间(街道,广场,庭院)通过建筑切割而成——被切割的边缘界定了街道和广场的空间形象。
B.开敞、松散的建造形式——建筑、树木被作为独立的形体置于土地上——穿越其中的开放空间的造型特点可与建筑物相匹敌。

—行列式建筑

行列式建筑的典型特征是住宅和宅内花园朝南或西南方向。这样能最理想地利用日照（太阳能的主动或被动利用）。住宅连续平行的布局可以在形态上轻易达到单一性。住宅南向的开口即北向连续不断的封闭使邻里间的"互助"变得很困难。与之相反，机动灵活的住宅布局加上共同使用的过渡空间可以促进邻里间的互助。

住宅入口　活动空间　宅内花园
宅间小路

住宅建筑对宅间小路的退避应该通过宜人的开敞式的入口区域造型及与宅间小路间的联系来均衡。同样横穿行列式结构的公共区域在很大的意义上提供了公共用途的空间，并以此在相同形态的邻里环境中作为识别和方向导引之用。

（参见第 130 页）

采用高密集建造型式的住宅区

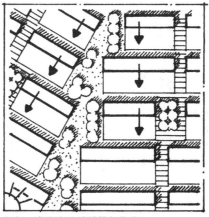

例如：高密度连续并排的住宅

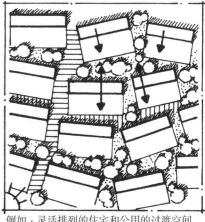

例如：灵活排列的住宅和公用的过渡空间

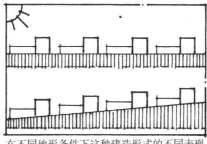

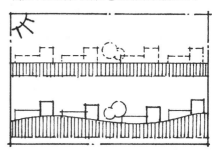

在不同地形条件下这种建造形式的不同表现

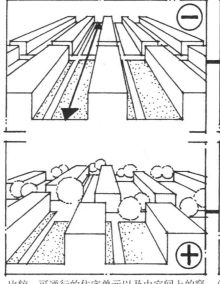

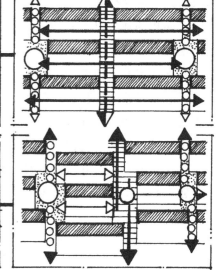

比较：可通行的住宅单元以及由空间上的穿插形成的分割

（小径、街道、广场、绿带）在住宅组群中

与入口区域联系在一起的宅间小路

穿插的街道／广场序列

第 4 章 居住区的造型　127

—院落式住宅组群　　　　　　采用高密度建造型式的住宅区

以院落形式组合而成的住宅组群使"入口庭院和住宅庭院"区域可以分别配置，同时提供了一个机会，使其不同的功能和意义能在形态上被塑造出来。公共街道和公用的入口庭院间的过渡区域可以建造得清晰明见的方式建造。街道两侧的住宅行列或组群共用同一个地址，促进了邻里间的互助。

同样，宅内花园——有可能的话与带有游乐和停留区域的共用或公共绿地及树木一起——可以向大面积的住宅庭院延伸。院落式建造方式在高密度的建筑布局中要求住宅北－南朝向，这就造成了有关朝向／日照和太阳能利用的缺失。通过选择合适的户型及巧妙的平面布局可以尽可能地避免这一缺失——并且必须及改善邻里共同生活的先决条件共同权衡。

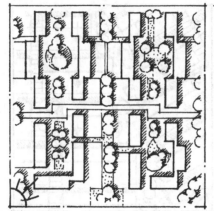

例如：严谨的、"近郊"类型的院落式建造方式

例如：灵活的、乡村类型的院落式建造方式——大型的"宅前花园"

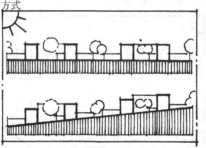

在不同地形条件下这种建造形式的不同表现

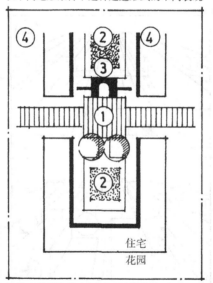

公共、共用和私人区域过渡带的造型

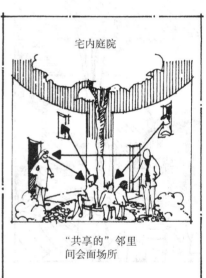

入口庭院作为邻里间相遇、交流的场所

狭窄的宅内庭院和平行的隔墙——大型"前厅"

宽阔的宅内庭院和变化的空间界限——大型"宅前花园"

1. 公共区域
2. 共用的入口庭院
3. 大门位置
4. 私人区域

高密度建造方式所采用的典型住宅
—造型特点—

采用高密度建造型式的住宅区

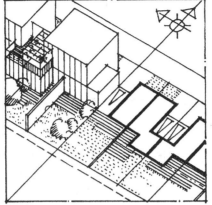
双拼式住宅

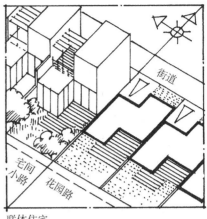
联体住宅

双拼式住宅和联体住宅
需要具备统一的基本样式——也可能强调个体和形态特点

联排式住宅
2~3层高，住宅和庭院面宽小、进深大，连续统一的建筑造型和个性化的细部造型（比如入口区域、扩建部分）相结合

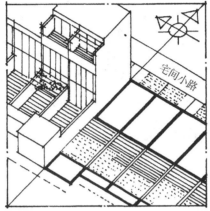
联排式住宅

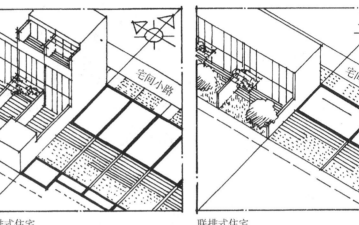
联排式住宅

联排式住宅
2层高，住宅和庭院面宽大、进深小，尤其适合于朝南的住宅——希望具备连续统一的建筑基本形态

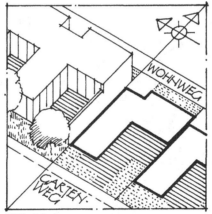
庭院式住宅

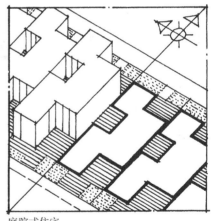
庭院式住宅

庭院式（内院式）住宅
希望具备统一的建筑造型(外部形态)，细部可以具有个性化的造型（首先在内院/庭院区域）

联排式住宅和双拼式住宅

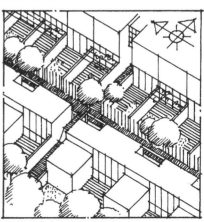
联排式住宅和庭院式住宅

不同形式的住宅在行列或组群中的组合方式范例
统一的住宅形式的一个巧妙转换可以形态将充满想象力的公共空间及（私人）户外设施的造型结合起来，从而达成住宅区变化多样和充满个性的形象
（也可参见上册 4.11.3 ~ 4.11.7）

第 4 章　居住区的造型　129

4.2.2 作为住宅环境造型要素的过渡区域

建造密度越大、属于个人的宅基地块和自由空间越小，在居住区中由公共空间和场地产生的对活动、交流需求的满意度就越重要。吸引人的、"适合居住的"氛围和宜人的外观造型会影响住户和客人的舒适感以及住宅场所的整体形象。舒适感包含安全感，即人们可以不受约束和毫无畏惧地在公共空间中逗留。

因此外观造型是一个非常重要的心理学上的影响因素。一方面由于住宅之间"形体上的"的接近，增加了人们对私密性的要求；而另一方面为了公共区域的良好氛围，居民的社会关系也很重要，即将住宅内的"内部生活"需要和外部空间相联系，使个人空间不会像防御工事一样被与世隔绝在住宅内部。因此过渡区域的外部造型不仅是一项美学上的任务，而且必须以交流的姿态"建造桥梁"，成为私密、公共、共享空间之间的中转站。

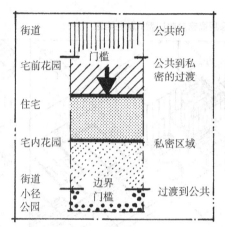

主题：从公共到私密区域的过渡

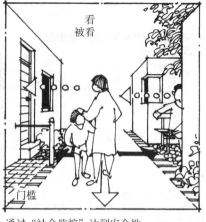

通过"社会监控"达到安全性

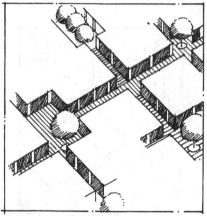

在"正立面相背离"的住宅建筑中的街道和广场构造

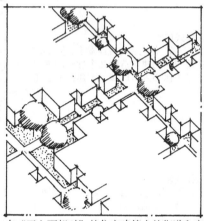

在"正立面相对"的住宅建筑中的街道和广场构造

在"正立面相背离"的住宅建筑中，公共——私密区域之间如同防御工事般的隔离

在"正立面相对"的住宅建筑中，通过开敞的入口区域使公共——私密区域之间拉近了距离

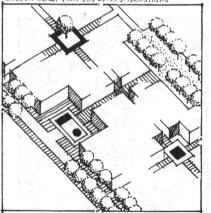

具有不同功能和个性化形态的广场和庭院

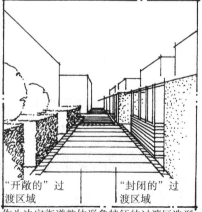

作为决定街道整体形象特征的过渡区造型

4.2.2.1 宅前花园过渡区

实例 1：
宅前花园区域的开敞造型

—街道空间和住宅之间的"宅前区域",作为私人设施和外部造型。

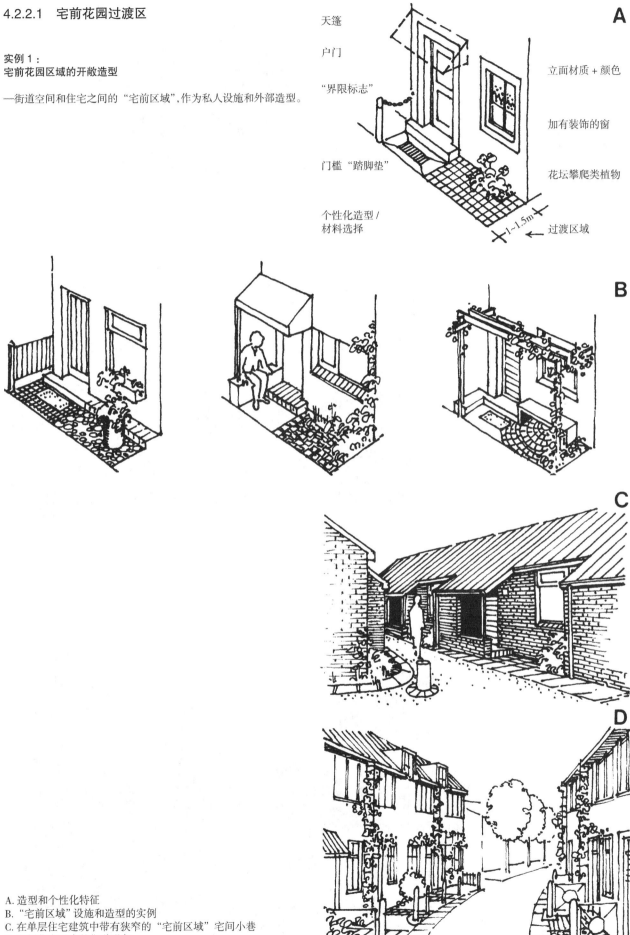

A. 造型和个性化特征
B. "宅前区域"设施和造型的实例
C. 在单层住宅建筑中带有狭窄的"宅前区域"宅间小巷
D. 双层住宅区中的街道形象

第 4 章 居住区的造型　131

—宅前花园的开敞造型

立面材质+颜色

加有装饰的窗

花

观赏类灌木

树

户门

攀爬类植物

座椅

入户道

面向宅间小路或街道开敞的宅前花园的典型造型和个性化特征（如果将开敞型的宅前花园设置在封闭的建筑立面前将失去其意义）

在一个自由布局的独户住宅或庭院式住宅中的宅前花园和宅间小路

在联排式住宅区中紧急车辆可通行的宅间小路和开敞的宅前花园造型

实例2：
宅前花园区域的封闭造型

面向街道的封闭的宅前花园的典型设施和造型元素

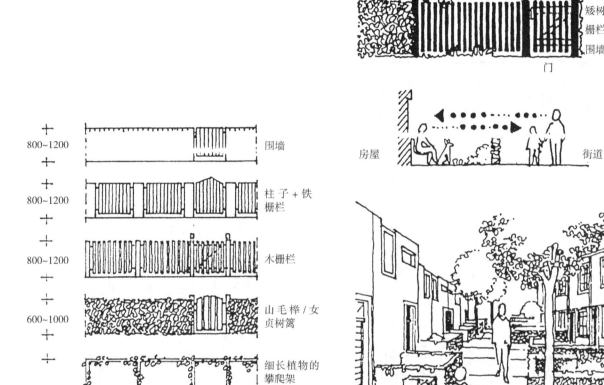

高度	围合方式
800~1200	围墙
800~1200	柱子+铁栅栏
800~1200	木栅栏
600~1000	山毛榉/女贞树篱
约2000	细长植物的攀爬架 / 矮树篱

宅前花园的围合方式

—实例—

沿着宅间小路的宅前花园的造型实例

第4章 居住区的造型　133

实例 3：
由建筑物的增建部分形成的过渡地带造型

作为居住区域延伸的"宅前花园"设施和用途

典型的设施和造型元素

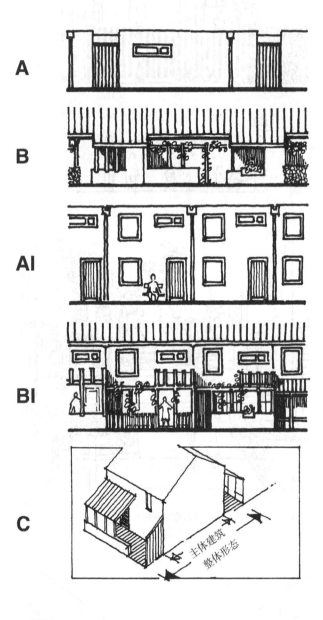

前廊

宅前花园的个性化造型实例

A, AI
朝向街道的住宅形象通过建筑手法确定。住户没有着手创造个性化造型的空间。

B, BI, C
住宅的建筑形态和过渡地带的尺度提供了个性化造型和用途的可能性。人们或许可以期待，建筑师不仅把精力花费在主体建筑的建造上，也能通过对住户入口和花园部分造型提出具体增建物建议激励和帮助住户自由创作。

134　城市设计（下）——设计建构

通过增建构筑物的手段实现过渡地带的个性化造型自由创作，同时也隐藏了形式和材料的杂乱多样所带来的危险，以及邻里之间相互的阻碍和负荷。

因此，为了获得一个谐调的整体造型以及相互融合的邻里关系，无论如何中都有必须通过"游戏规则"对可能进行个性化活动的空间设定一定的限制（例如通过造型条例或者私法合同）。

例如：
构筑物
天篷、门廊、（棚架上缠绕着藤蔓的）凉亭、限定空间的木构架钢结构框架，可能的话加上玻璃幕墙——根据需要设置自行车停车处、游乐及园艺设施和垃圾桶——个性化的色彩设计。
围合方式：
围墙（可见墙体）、矮树篱、木栅栏、铁栅栏（垂直布置）

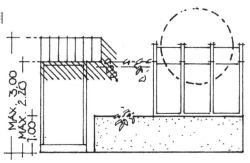

绿化植物：建筑立面上的爬藤植物，攀爬植物，花，果树或观赏类树木（高度≤5m，最大直径2.5m）

实例4：宅前庭院

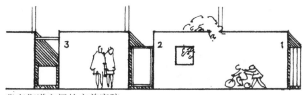

背离街道空间的宅前庭院
内敛的

对街道空间开敞的宅前庭院
有宜于交流的

"前室"

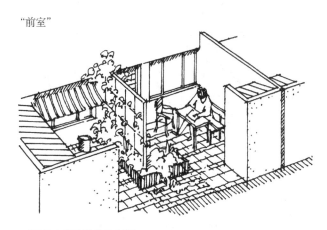

不同的宅前庭院设施实例

"前室"

共用同一入口的宅前庭院

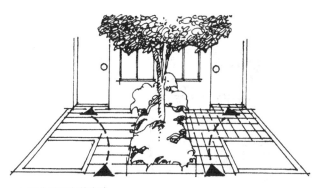

入口分开的宅前庭院

4.2.2.2 宅内花园过渡区

高密度的建筑布局——较小的宅间距——阻碍了在宅内花园区域保留必要的私人空间。通过开敞的造型布局可以使花园区域的空间给人宽敞的印象。然而为了保证私密性，不能舍弃住宅前的"退避空间"。

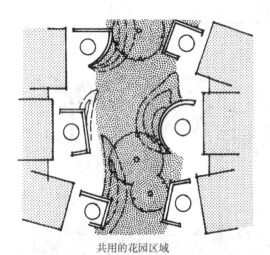

共用的花园区域

在松散的、住宅间距最大的建筑布局中，开敞造型可以描绘出恰当的解决方案（充足的视线距离，把树木作为遮挡视线的布景）。

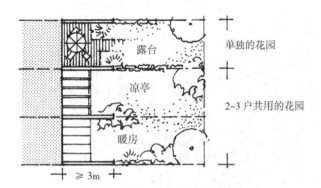

单独的花园

2~3 户共用的花园

在高密度的建筑布局中，为了保护私密性，要求花园区域作为宅内庭院进行封闭造型。

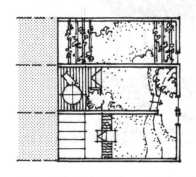

花园庭院
实例

136　城市设计（下）——设计建构

实例1：

宅内花园的开敞造型

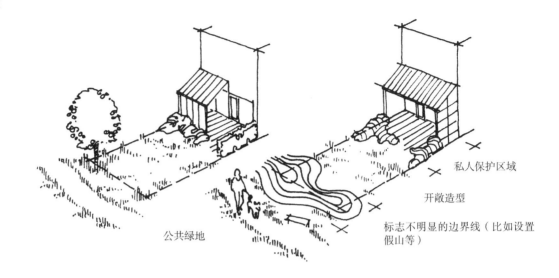

私人保护区域

开敞造型

标志不明显的边界线（比如设置假山等）

公共绿地

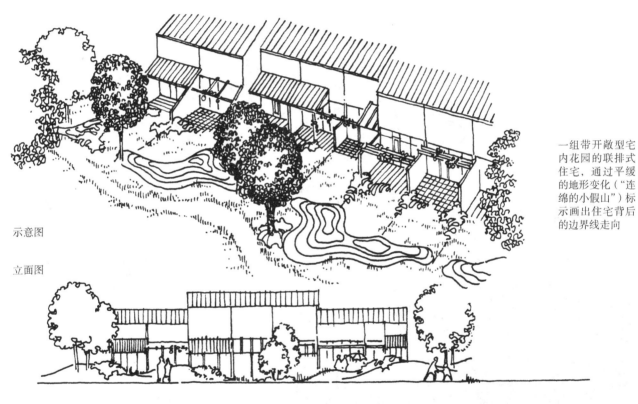

示意图

立面图

一组带开敞型宅内花园的联排式住宅，通过平缓的地形变化（"连绵的小假山"）标示画出住宅背后的边界线走向

在联排式住宅中通过符合用途的宅内花园的排布和分配来平衡朝向上的不足

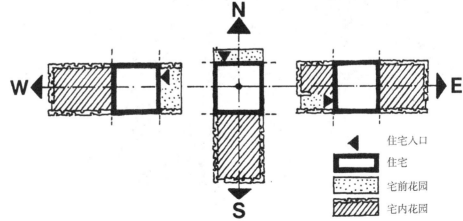

住宅入口
住宅
宅前花园
宅内花园

第4章 居住区的造型 137

实例2：

宅内花园的封闭造型

希望通过有效的视线保护维持小花园和窗挨窗的相邻住宅宅内花园的私密性

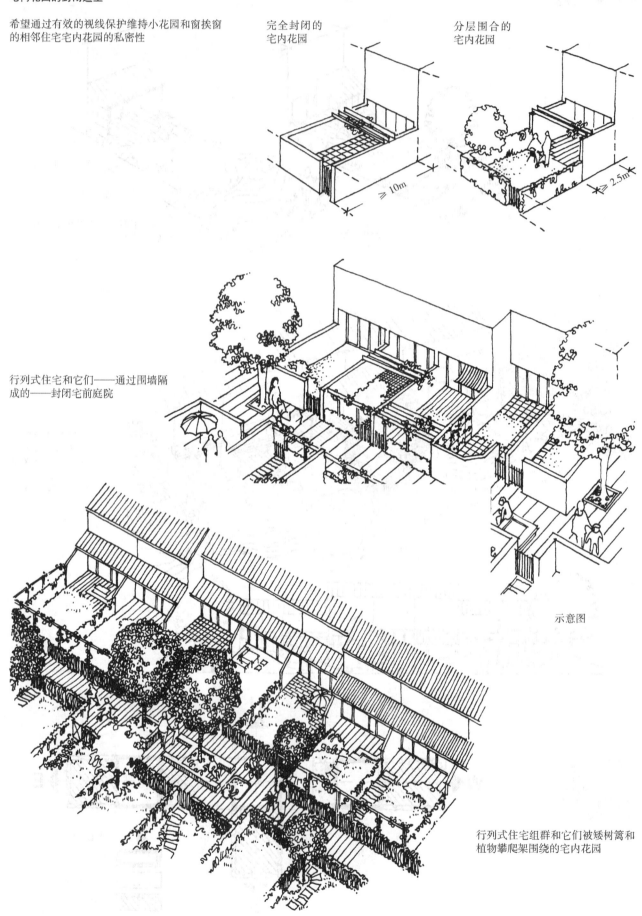

完全封闭的宅内花园

分层围合的宅内花园

行列式住宅和它们——通过围墙隔成的——封闭宅前庭院

示意图

行列式住宅组群和它们被矮树篱和植物攀爬架围绕的宅内花园

4.2.3 停车场与车库的布局与造型

实例1：路边停车场的配置

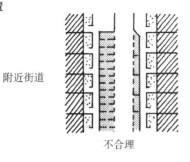
附近街道
不合理

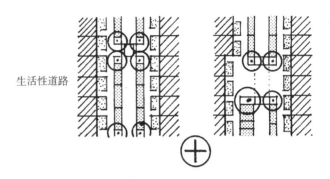
生活性道路

实例2：居住区内集中停车场的配置

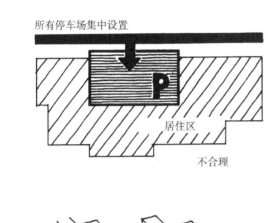
所有停车场集中设置
居住区
不合理

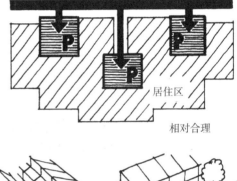
把需要的停车位分成小型停车场设置
居住区
相对合理

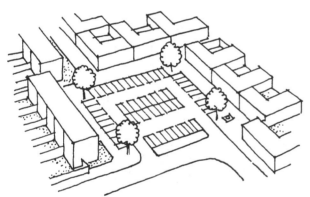

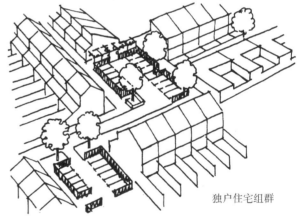
独户住宅组群

开敞式停车场的造型组合实例

示意图

阻挡视线的方法：
矮树篱/围墙
地面高差
土堤
实例

实例3：
封闭型建造方式中独户住宅的车棚或车库的造型和配置

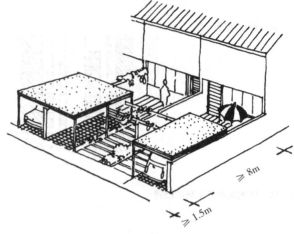

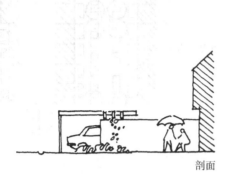

剖面

设车棚的联排式住宅（和宅前庭院相连接）

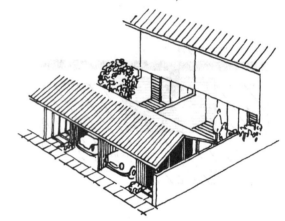

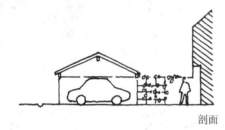

剖面

设车库的联排式住宅（3层），"车辆可入户的住宅"

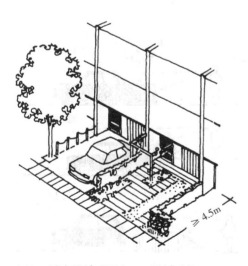

底层设有车库的联排式或者城市型住宅（错层）

（也可参见上册 4.6.4，4.6.5）

实例4：
独户住宅区中的集合车库的造型和配置

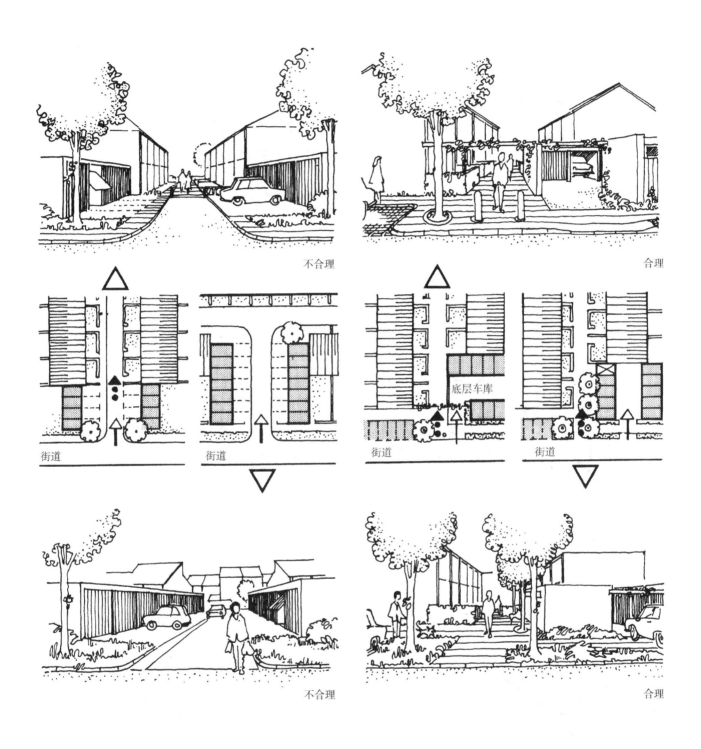

在这个例子中，车库决定了住宅区入口的造型。人行道和车行道未分离。行人必须绕过车库所在的庭院进入自家住宅。行人和车辆间的冲突并没有无法避免。

通向住宅的步行道决定了入口的造型。车库被移到了步行道旁边，车库的驶入道和人行道被分离，并被安排在不易干扰视线的位置。入口的造型更安全也更宜人。

（也可参见上册4.6.6）

第4章 居住区的造型 141

4.2.4 建筑立面：造型与空间形象

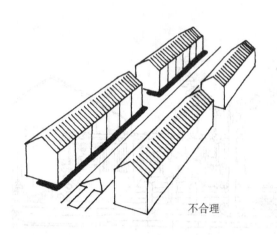

不合理

街道仅供穿越，没有变化的空间形象，各栋住宅之间缺少联系

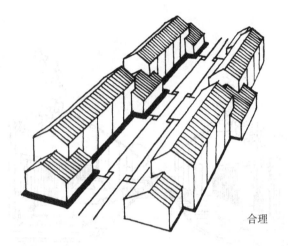

合理

街道走向和建筑空间连续、住宅正立面具有韵律感、临街房屋围绕而成道路空间

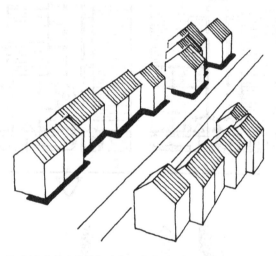

呈不规则变化的连续沿街建筑；道路空间创造的意图不明确；通路走向与建筑物的配置无关

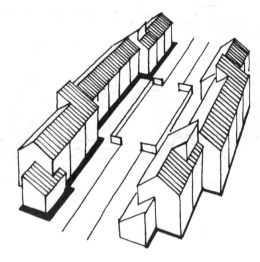

建筑物与道路之间具有明确关联性的空间形象，正立面的凸凹给通路空间带来了变化

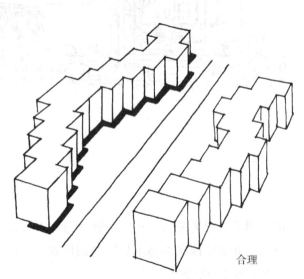

合理

平坦场地上呈不规则变化的连续沿街建筑物，没有创造空间形象的意图，道路走向和建筑物没有关系

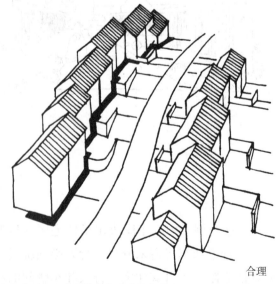

合理

场地有起伏时，配合起伏使住宅建筑有序的后退排列，能使屋顶平面连接流畅

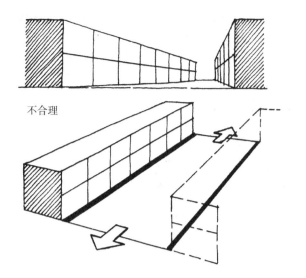

不合理

通过平行干道路且没有凸凹的建筑沿街正立面进行空间限定，这样的空间在进深上没有变化，而且看上去"无尽头"

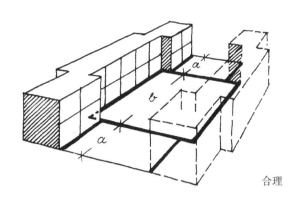

合理

通过在沿街两边住宅建筑的正立面设置凸凹，可以形成具有入口效果的空间，从而塑造了一个内部空间

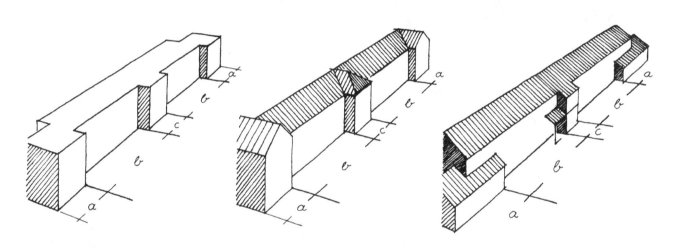

在建筑物的正立面设置凸凹，透过建筑造型设计，将一个纵向延伸的空间细分为连续的小空间

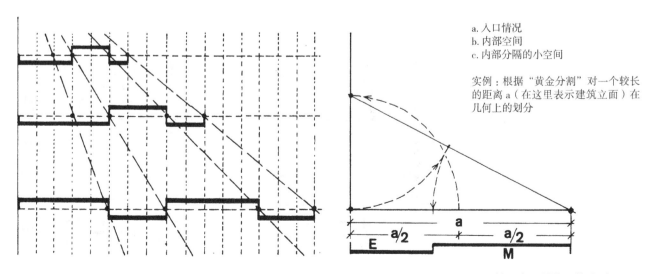

a. 入口情况
b. 内部空间
c. 内部分隔的小空间

实例：根据"黄金分割"对一个较长的距离 a（在这里表示建筑立面）在几何上的划分

第4章 居住区的造型　143

利用凸凹的建筑正立面形成韵律感

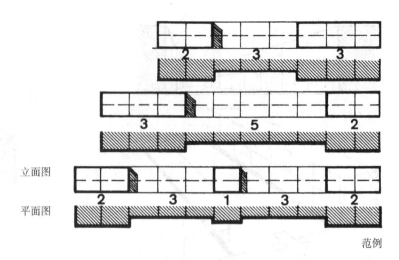

立面图
平面图

范例

在住宅行列中后退不同的居室得到的日照率

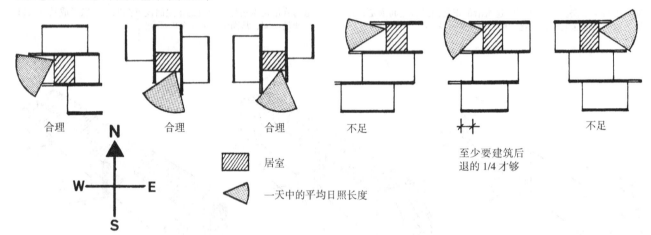

合理　　合理　　合理　　不足　　　　　　不足

至少要建筑后退的1/4才够

居室

一天中的平均日照长度

一个宅前庭院周围的造型（建筑的姿态，立面造型）

A. 没有亲和力、拒人于外的院墙
B. 通过开敞型的山墙改善了的造型
C. 封闭的空间形象，通过开窗立面获得开敞性和亲和力

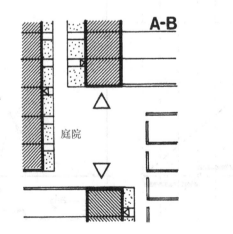
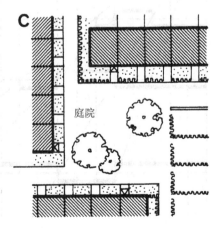

4.2.5 住宅行列转角建筑的造型

—实例—

不合理

"被切断的"住宅行列，端头建筑的防火山墙对转角处没有任何造型上的意义

合理

通过作为主要建筑细部的檐口和凸窗的位置变换适当强调端头建筑，从而对转角处进行了细致的造型设计

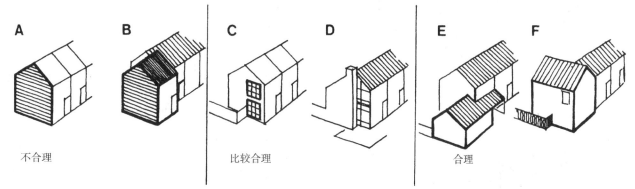

不合理 | 比较合理 | 合理

连续建筑的端头设置，并突然切断封闭的山墙(A)，对于在造型上没有变化元素的连续建筑错位布置的转角住宅只是一个权宜的解决方法(B) | 山墙通过窗敞开(C)即可进行细部造型(D)成功地给人留下了一个吸引人并具有亲和力的转角整体印象 | 通过转角住宅的个性化造型[错层、屋顶形态的变化(E)或者檐口方向的改变(F)]，细致地营造转角处的整体形态

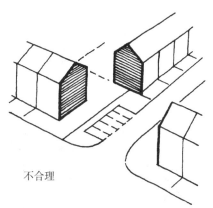

不合理

建筑行列间缺乏联系的排列，转角处的形态没有形成秩序井然空间，而只是在建筑间留下了一个"窟窿"

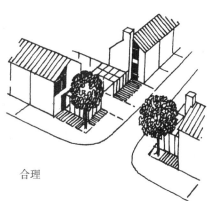

合理

在山墙处开，通过附属的建筑及室外设施的造型，使并联的建筑相互关联

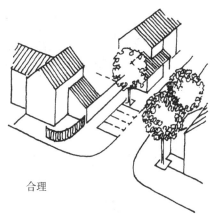

合理

建筑的形态和位置根据转角处的情况调整，单独的建筑物通过附属建筑物和室外设施与统一的整体空间形象相联系

4.2.6 行列式住宅组团的转角造型

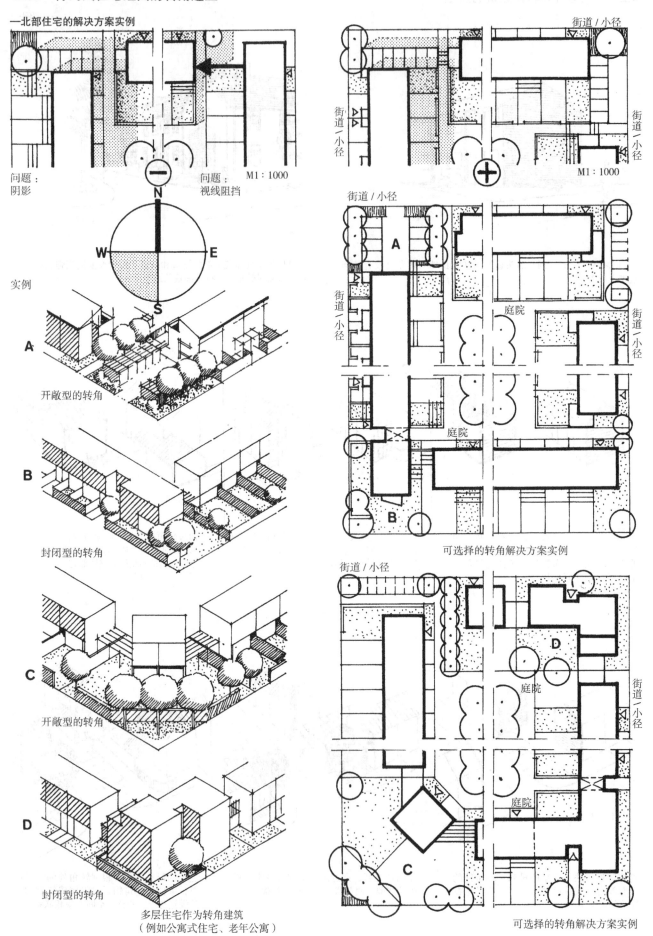

4.3 封闭型居住区

集合住宅、多层住宅和独户住宅的居住质量通常是截然不同的,其根本原因很少是由于住宅及其周边环境的造型不够充满想象力、不够惹人喜爱,或个性化的居住要求没有得到很好的发挥。

多层住宅的建造理念包含了一些众所周知却无法避免的局限。然而这也提供了非常多的可能性,即通过细致的细部解决方案——也可以不需要奢侈的花费——拓宽住户的"自由活动空间"(在住宅及其所属的空地范围内),极大缩小多层住宅和独户住宅的居住质量之间的区别(可比较以下两图)。

4.3.1 街坊式建筑

网络状的结构（即横向或纵向、规则或不规则的栅格）具有能清晰地把地块划分成任意大小并赋予其功能的优点。土地使用的多种可能性没有限制，划分它们的网格线可以只是住宅的地基界线，也可以是壮观的林荫大道。在地块的开发建设中，用地边界和网格线的相互关系随着密度的持续增大被用来界定道路的形态。建筑物随着道路的确定也形成围合的街区形态，同时划定内部私密空间和外部公共空间的界限。通过道路和广场的空间比例划分，以及道路和建筑物在屋顶平面上的统一形态，呈现出明确的形象。建筑物的密度越大，由切入的街道、广场和庭院形成的整个街区的体块形态就越为明显。在紧凑的街坊式建筑中，独立的建筑将在形式上被联系起来，以达到控制多样性、关注统一造型的要求。

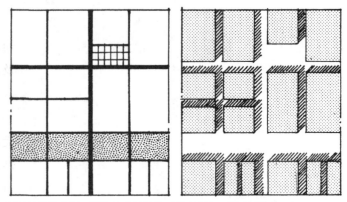

通过地块的分割、道路和建筑体块而形成的统一的屋顶平面形态

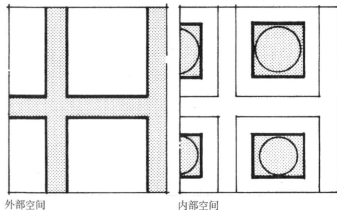

外部空间　　　　　　　内部空间
公共区域　　　　　　　私密区域、邻里共用区域

严格的几何形态构成的街道和广场结构　　空间形象——外部空间　　空间形象——内部空间
　　　　　　　　　　　　　　　　　　公共区域　　　　　　　私密区域、邻里共用区域

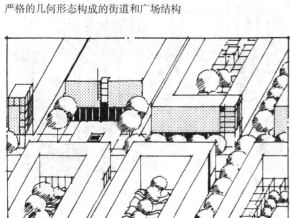
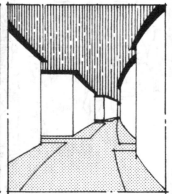

通过公共区域和私密区域的局部特征显现出的形态差别　　公共区域　　　　　　　私密区域
　　　　　　　　　　　　　　　　　　　　　　　　　曲线型的组团空间

街坊式建筑的多种变形

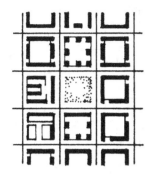

相同道路网格中街坊式建筑的多种可选形式

一个四周封闭的街坊所具备的优点在于可以连续地将公共和私密空间分隔开来。与热闹而充满生活气息的街道相反,提供一种安静舒适的环境。然而封闭的形体也可能导致狭窄、通风不良以及日照不足等弊端。为了得到舒适和健康的住宅气候,街坊边缘经常会设计开口,作为采光和通风的"窗口"。

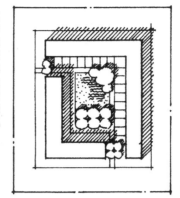 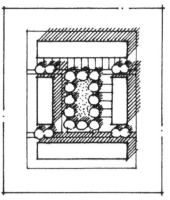

开敞式的街坊实例

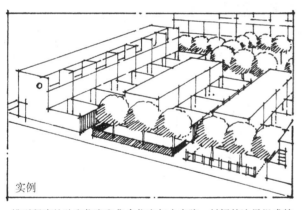

实例

通过建筑物的间距形成明显开口,并在底层围合的街坊

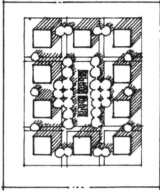 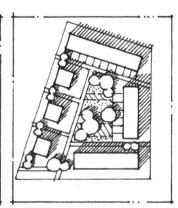

具有明显开口的街坊

实例

排列紧凑的独户住宅和集合住宅与小内院、封闭的边界组成的街坊

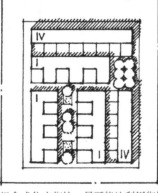 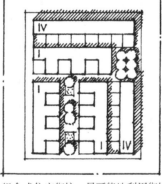

组合式住宅街坊,尽可能地利用街坊用地

住宅与共用的开放空间之间功能和视觉联系的示意图

街坊的用地范围、建筑物的密度和高度以及街坊内部空间的使用及其氛围对以下空间都具有依赖性——
从小庭院的私密空间到大型院落和开敞的公共空间。

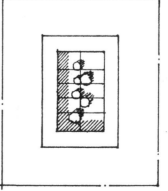 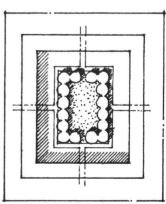

小型的、私密的街坊内部空间　　具有共用的开放空间的大型街坊内部空间

第4章 居住区的造型　149

4.3.2 行列式建筑

与街坊式建筑相比，行列式建筑的优点在于：
—建筑物可以获得最理想的朝向，充分利用太阳能
—可以最大程度避免建筑之间的遮挡并保证良好的通风
—通过对建筑物长度和高度的调整可使之更适合地块的大小和形态
—对开放空间的可用性、生态质量、气候效应以及造型进行合理多变的造型设计

绿化空间作为主要的划分介质 　　道路作为主要的划分介质

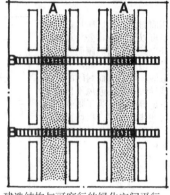

建造结构与可穿行的绿化空间平行，道路作为次级结构要素 　　建造结构与道路平行，连续的绿化作为次级结构要素

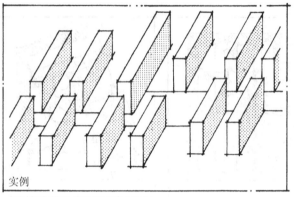

相同朝向排列的行列式建筑布局

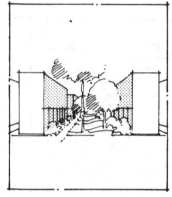

空间形象：建筑面向绿化空间

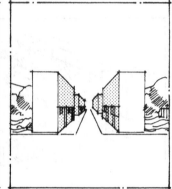

空间形象：建筑面向道路

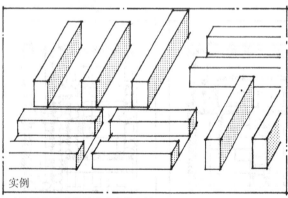

建筑混合排列的行列式建筑布局

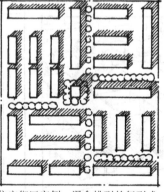

住宅街区实例：混合排列的行列式住宅

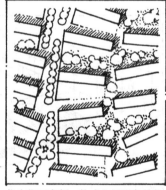

住宅街区实例：构成空间形象的行列式住宅

行列式建筑的缺点可以归纳为：
—相同建筑的重复出现或建筑之间相同的排列方式很容易显得枯燥乏味
—建筑和街道间的结构没有必要的联系
—通过建筑的排列不能得到清晰的空间形象，缺少成形的街道和广场空间
—在建筑和空间结构上造成随意可互换的印象，妨碍了方向性和地域个性的建立
—建筑形式的雷同会造成枯燥乏味的图像，或者建筑形式的严重差异会产生"相互分离"的印象。

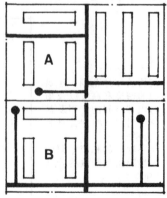

比较：建筑的布置和道路的走向之间没有强制性的、"符合逻辑的"关系

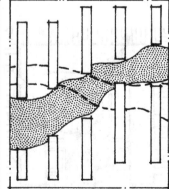

通过形态自由多变的绿化空间分隔行列式建筑

行列式建筑

由于缺乏城市设计、城市造型方面的建造原则，行列式的住宅建筑必须采用特别谨慎并富有想象力的开放空间设计。

这适用于为公共空间和私密空间或共用的开放空间营造清晰的结构和连续的画面。在建筑形体的大结构上不能完成的部分，必须在细部上通过营造能给人留下深刻印象并提供丰富体验的室外活动和停留空间，在感官层面上进行补偿。

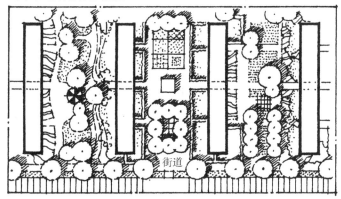

与绿带对齐的行列式建造

提供不同的用途和具有个性化特征的绿化空间的造型和配置实例

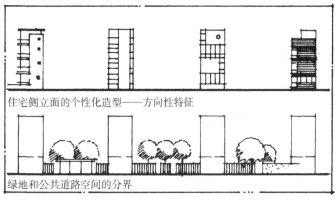

住宅侧立面的个性化造型——方向性特征

绿地和公共道路空间的分界

公共道路空间和私有/共用绿地间过渡带的造型构成重点

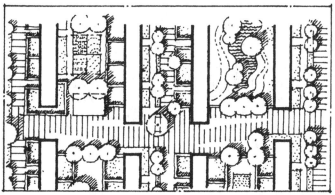

与道路垂直的行列式建筑

实例：连接一排住宅的宅间小路作为个性化的停留和体验空间

支巷、支路和绿地造型构成的重点概览

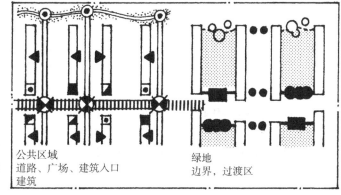

公共区域
道路、广场、建筑入口
建筑

绿地
边界，过渡区

第 4 章 居住区的造型　151

4.3.3 开敞的、"新型的"街坊式建筑

街坊式建筑在城市空间和结构上清晰的优点，以及行列式建筑适宜住宅气候的优点，可以使建筑物获得最理想的朝向，充分利用太阳能。

这种解决方案可以为空间结构清晰、造型变换、适宜居住的建筑设计提供很好的前提条件。

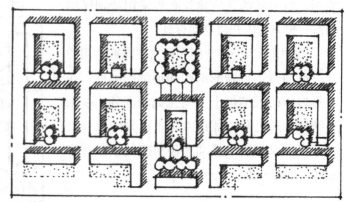

实例：以严格的几何形态布置的向南开敞的街区/宅前庭院

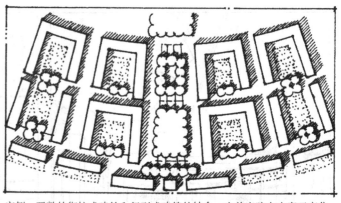

实例：开敞的街坊式建筑和行列式建筑的结合，宅前庭院大小富于变化

示意图：由封闭的"城市面"和开敞的"庭院面"所组成的造型富有变化的生活性道路

用栅栏和树阵构成的通透的边界

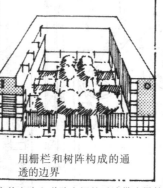
小型建筑物、栅栏和树构成的边界

宅前庭院和道路之间的过渡带边界的造型实例

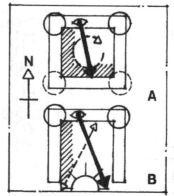
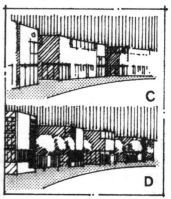

A. 封闭的庭院和视觉走廊，阴影深，缺少通风
B. 开敞的庭院，有向外的视线走廊，采光通风好
C. 封闭的"城市面"用建筑物来强调街区边角（也可参见第201页）
D. 开敞的街区边界，"庭院面"作为突出的建筑山墙面和道路及庭院开口之间的转换

4.3.4 混合的建筑格局

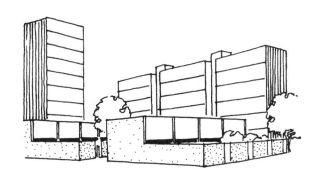

多层住宅（点式和板式住宅）和单层住宅以行列形式排布，组合成住宅组团

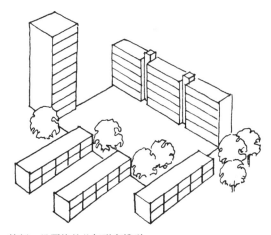

特征：呈严格的几何形态排列

多层住宅（板式住宅）和位于它们前方的单层住宅，在高密度的布局中通过建筑尺度和有层次的高度变化营造出富于变化的整体形态

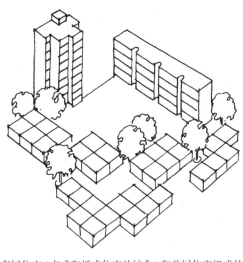

多层住宅（点式和板式住宅的结合）和单层住宅组成的组团，与大尺度、严整的多层建筑组团以及小型的、自由排列的独户住宅组团形成对比

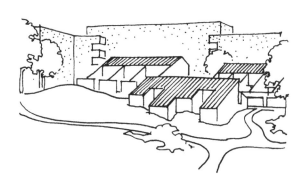

空间形象雄伟的多层住宅和位于它们前方或者成组的单层住宅组合，建筑物高度和尺度富于变化的大型内部空间，多变的开放空间造型

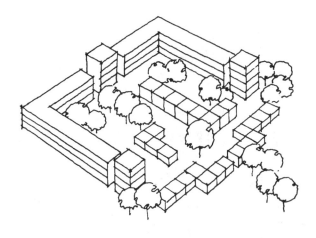

4.3.5 住宅与环境间过渡区的功能、意义与造型

独户住宅提供了多种建立住户间邻里关系的可能性，并确立了公共和私密部分的过渡区或者边界。建筑、地块和住户个人重点共同构成了个性化的地域特征。同一栋多层住宅的住户们可以通过共用部分紧密地联系在一起。多层住宅的设计也包括了各个单元的私密性。由于人们会将在这两种住宅内居住的私密性加以比较，因此在多层住宅的设计中扩大公共区以及过渡区是非常重要且必须关注的。

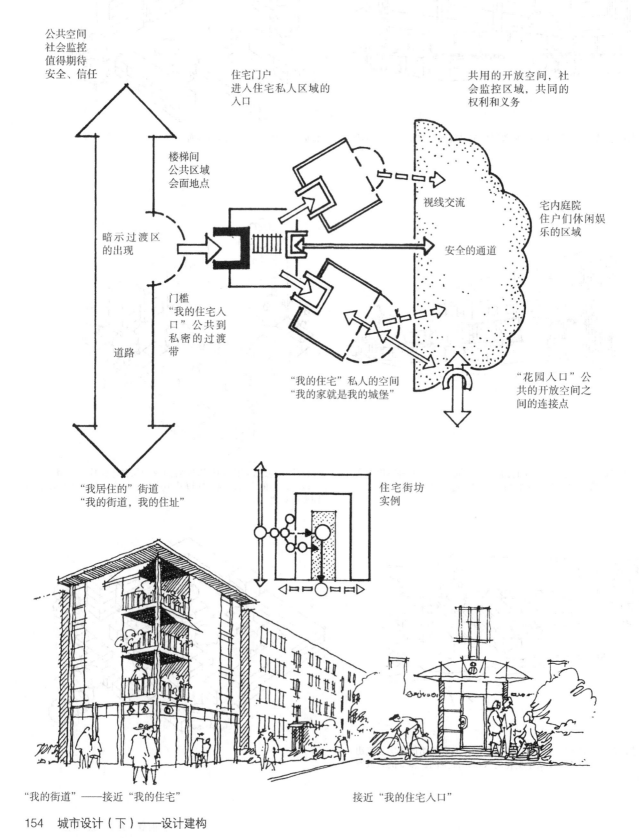

"我的街道"——接近"我的住宅"　　　　接近"我的住宅入口"

4.3.6 多层住宅建筑环境的公共区域

住宅建筑环境中公共区域的设施配置、功能和外观在极大程度上决定了居住区的质量、形象和识别性。住宅内部不具备的日常生活功能必须得到满足,并且具备距离住宅近、安全且受社会监控的优点。邻里间的交流和共同兴趣的需要产生交集。构成居住区整体造型的目标在于,考虑建筑物和居住环境的全貌,并通过有创意且目标明确的细部造型设计赋予其应有的内涵。

也见第 154 页和上册 4.11

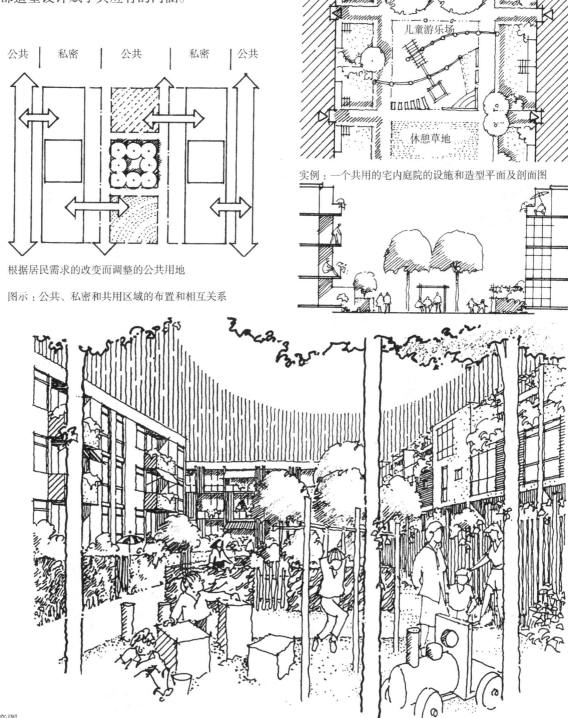

实例:一个共用的宅内庭院的设施和造型平面及剖面图

根据居民需求的改变而调整的公共用地

图示:公共、私密和共用区域的布置和相互关系

宅内庭院示意图

第 4 章 居住区的造型

4.3.7 过渡区的宅前花园、宅前地带

设施和造型实例

住宅和道路间过渡区的外观和入口处的形态相当于一栋住宅的名片。因此这个区域的设施和造型需要特别小心周到的设计。

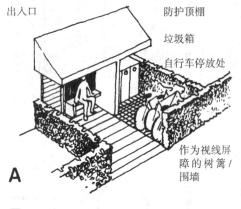

A. 一栋集合住宅入口处的设施

出入口　防护顶棚　垃圾箱　自行车停放处　作为视线屏障的树篱/围墙

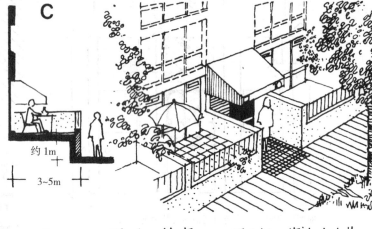

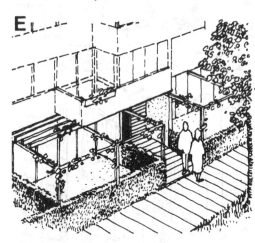

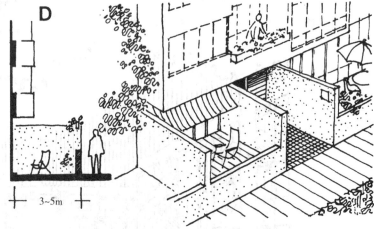

B. "宅前设施",过渡区的最小尺寸

C. 毗邻道路的宅内露台(通过抬高高度保护露台私密性)

D. 沿道路的宅内庭院

E. 宅前花园,具有与居住相关的使用功能,通过树篱、植物攀爬架设定边界

F. 宅前花园,通过过渡区"适合居住的"造型限定其功能

4.3.8 过渡区的宅内花园、宅内露台、宅内庭院

造型实例

多层住宅通常只能提供有限的外部空间（阳台），这种情况可以通过设置和底层住宅连为一体的花园、露台和庭院来稍作缓解。这类带有花园的住宅主要适合于有孩子的家庭。

小型的宅内花园作为底层住宅的额外补充

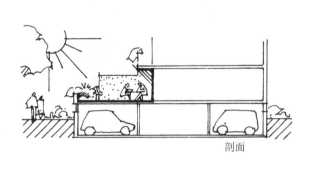

剖面

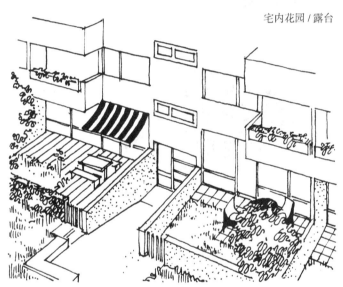

宅内花园/露台

宅内花园上方的露台

宅内庭院

第4章 居住区的造型 157

4.3.9 停车场布局与造型——开敞的停车场地

多层住宅节省用地、提高建筑密度的优点，由于对停车场地的用地需求受到了限制。

通过造价经济的开敞型停车场地来满足停车需求，带来的结果是基地的其他居住相关功能得到了限制或者被彻底排挤——并且给居住环境带来了枯燥乏味和令人不悦的视觉印象。

把车辆安置到地下停车场或者停车楼内，提供了实现其他居住相关功能以及相应的外部造型的可能性，然而购买或租赁此类停车位的费用可能给住户带来经济问题，并且因此会给实现和谐互助的居住环境带来困难。

因此寻求解决的办法必须在愿望和可实施性之间权衡的基础上，专注于方案布局和对空间需求、经济性、造型质量进行适当的妥协和调整。

在此"适当"的含义是，优先配备居住所需的设施和令人愉悦的居住环境造型。

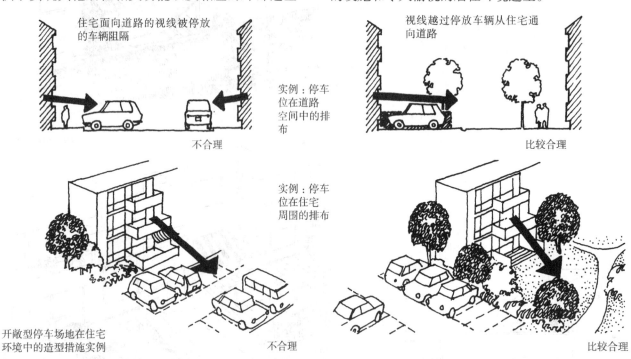

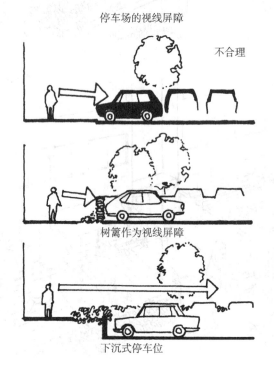

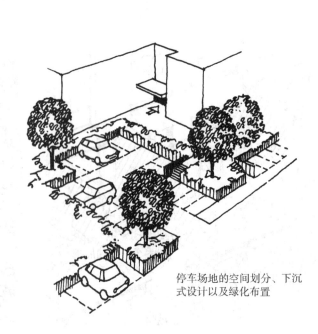

停车场地的空间划分、下沉式设计以及绿化布置

158　城市设计（下）——设计建构

实例：与建筑物相结合的停车场用地和空间尺度的规划

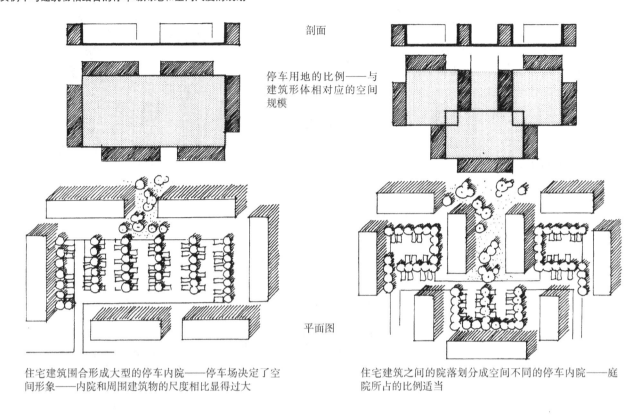

停车用地的比例——与建筑形体相对应的空间规模

住宅建筑围合形成大型的停车内院——停车场决定了空间形象——内院和周围建筑物的尺度相比显得过大

不合理

住宅建筑之间的院落划分成空间不同的停车内院——庭院所占的比例适当

合理

一组住宅建筑中停车场地和步行系统的布置

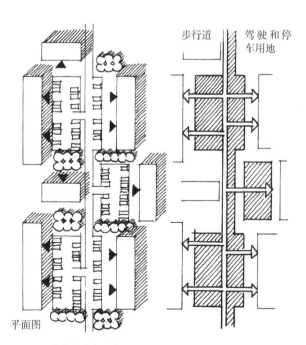

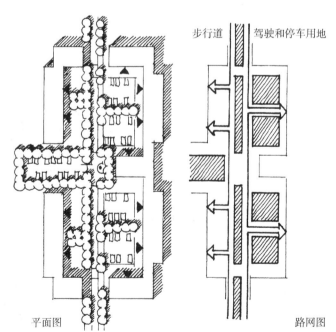

"被车位堵塞的"住宅
停车位的布置堵住了通向住宅的道路
—给步行者造成了妨碍和危险
—不能形成适合的住宅入口

不合理

"可到达的"住宅
通向住宅的步行道独立且无障碍，具有以下优势
—不受阻碍的、安全的入口
—可以形成独立的、适合周围环境的步行区域

合理

第 4 章　居住区的造型　159

车库

地面上必要的停车位设置引发了有关用地需求、居住相关用途压力以及造型上的冲突。把街区的内部空间布置成可停车的内庭院将成为一种经济实用同时又能控制整体造型的解决方法（优点：建筑物的正立面之间有较大的间距，庭院在白天可以作为游戏场所——缺点：易受到噪声干扰，且庭院绿化率受影响）。

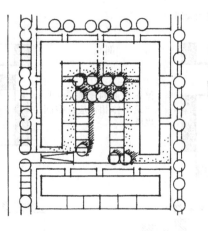
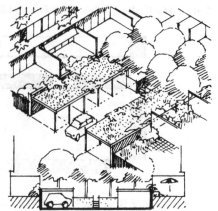

住宅街坊内部的下沉式停车庭院，天篷有绿化

如同危险的洞穴入口

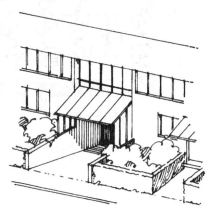

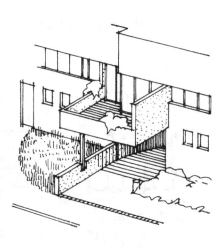

地下车库入口（大部分是坡道）需要在建筑和外部设施框架下小心谨慎地设计造型，以避免破坏住宅的整体形象或形成黑暗的危险的区域。

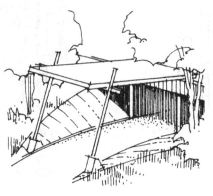
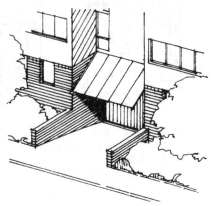

外加的车库入口天篷——实例　　装配在建筑物上的车库入口——实例

车库

和周围住宅建筑有关的车库布置和造型。

住宅地下层的车库。

把车库设置住宅建筑的地下层主要具有以下优点：

—造价明显低于独立的地下车库或停车楼；

—住宅建筑周围的用地可保持自然状态，可以种植一般的植物或大型树木；开放空间良好的小气候得到了保持；

—由于停车位的长度，地下车库层要比上层建筑突出，其上部恰好可作为住宅露台加以利用；

—可以加强建筑和环境之间在形态上的联系（也可参见上册 4.6.7.1）。

通过有弹性的错层的车库造型、小心谨慎的细部设计和屋顶绿化，以及和开放空间之间过渡区的造型，可以把车库以合适的方式置入到住宅外部设施中。

入口庭院朝向街道大面积敞开，并具有引人入胜的细部形态。车库分开布置于入口两边，增加了整体形象的适宜度（也可参见上册 4.6.7.2/3）。

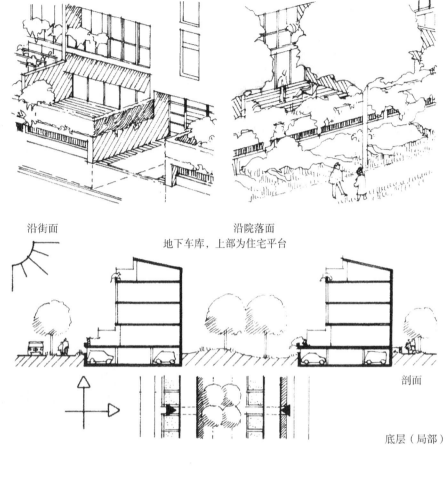

沿街面　　沿院落面
地下车库，上部为住宅平台

剖面

底层（局部）

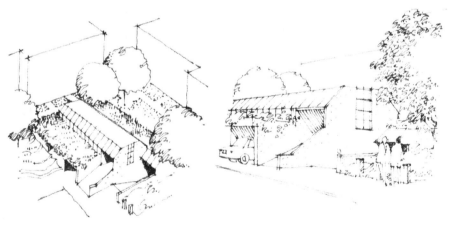

置入住宅外部设施中的车库

入口庭院和两侧的车库

第4章 居住区的造型

4.3.10 多层建筑住宅区的造型规定

鉴于城市设计中可能出现的功能和形态的多样性,以及实现它们的不同时间段,建议把设计的目标集中在基本的、共同的城市设计特征上。为此,需要确立一个造型的框架,使居住区在形态和地域特性上的共同点给人留下更深刻的印象。应当制定一个可实施的造型条例作为长期的、整体的任务,以此即赋予城市设计自由度,同时又不会使它成为整体形象中的异质形态元素。(也可参见第 197~200 页)

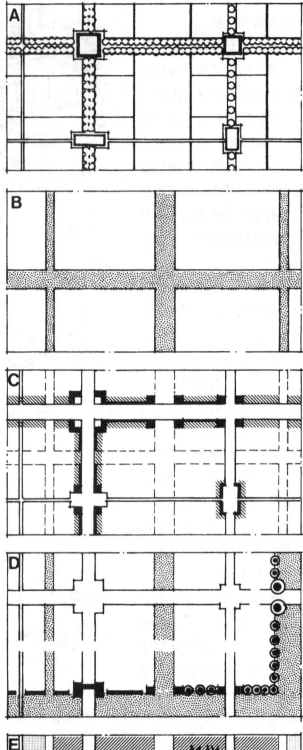

造型规定的建议:

A. 为道路和广场的造型制定清晰的模版,空间功能的等级划分以及与众不同的特征

B. 绿化空间的造型准则,一般的基本形态,通过地形、植物、水体的特征来形成形态上的区别

C. 具体说明对于居住区整体个性起决定作用的造型设计任务

D. 居住区和周围用地之间过渡区的造型设计准则,入口处外观的设计准则

E. 用途的种类和位置的规定、建筑密度的设置规定是间接的指标,却是对城市造型产生极大影响的指标

第5章 供应服务区的造型

规划中"所谓供应设施"的概念包含了在形式内容上都有很大区别的功能,且范围颇广。从"街角的商店"到大都市的商业中心,从幼儿园到养老院,以及能源供应的技术设施等均涉及在内。

根据本书的主题的界定,本章的阐述将集中在购物领域,即供应居住区生活所需的商店和商业中心。

当然,限制在一个供应服务区时,或许会发到以下指责,即孤立看待和规划各个供应综合体是存在问题的。只有所有相关的设施彼此按职能、空间、造型有意识地配置,才能够形成需求的、在体验价值上令人满意的供应服务区结构。

5.1 供应服务设施的城市设计评价

评价标准　　　供应设施 参见上册4.14	典型位置的辐射区域	供应职能	经营组织内容对建筑形式的影响	面积要求(建筑,基础设施,停车空间)	交通可达性,交通形式的等级排序	停车空间需求	货运交通	建筑规模	空间结构适应性	形态适应性
自动售货机	住宅周围,便捷位置	白天正常营业时间需要,营业时间结束后也需要	—	无	行人	—	—	—	—	—
售货亭	住宅周围,便捷位置如火车站、加油站	白天正常营业时间需要,同样超出商店的停止营业时间	—	非常小	行人/骑车人,加油站的载客汽车	—	—	小	—	很有可能
独立商店	住宅周围,城区	白天正常营业时间需要	影响较小	小	行人/骑车人,载客汽车	非常少	非常少	小	非常有可能	很有可能
底层商铺 商业街	城区,市区,城市中心	白天正常营业时间需要,周期性和长期性的需求	影响较小至较大	小到大	行人/骑车人,载客、载货汽车/短途公共客运交通	中到大	中等	小至中	很有可能	很有可能
商业中心	城区,市区,城市中心	白天正常营业时间需要,周期性和长期性的需求	影响较大	大中型	行人/骑车人,载客、载货汽车、短途公共客运交通	中到大	中等到广泛	小至中	好至困难(取决于大小)	好至困难
消费市场	城郊区域	周期性和长期性的需求	决定性的影响	非常大	载客汽车,载重汽车	非常大	非常广泛	大	非常困难	非常困难

5.2 供应服务设施及供应服务区的结构性布局与相互联系

实例1：
—居民区场地上设施的空间功能配置

A. 空间上的分散和功能上的分离
B. 空间和功能上的结合

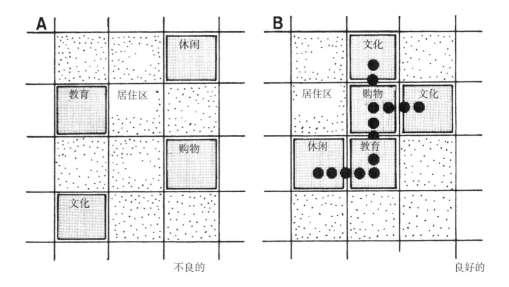

—属于体验场所的设施的功能上的相互关系

A. 设施相互间没有功能上的交换，没有共同的体验

B. 各设施间能够维持紧密的功能交换关系，借助设施间的流畅过渡提供富于变化的活动与体验

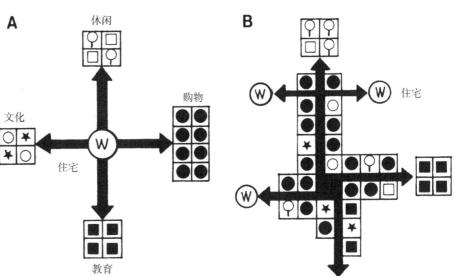

—供应区域的可达性交通组织

A. 被交通道路和其自身辐射区分离的"孤岛化"供应区域

B. 空间上相互交织的供应区域，各供应服务区之间或从供应服务区到周边辐射区的移动容易

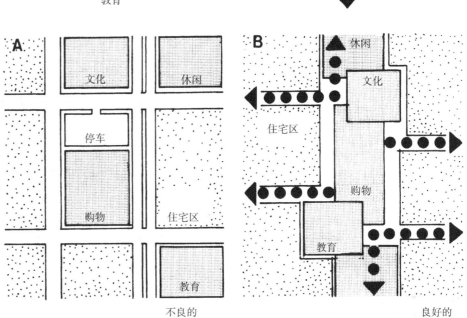

第5章 供应服务区的造型 165

实例2：

供应服务区的结构形式比较

—主要街道沿线，集中了具访客极多的重要设施，构成同轴向的重点服务带，次要街道访客稀少，场所质量非常不均衡的结构

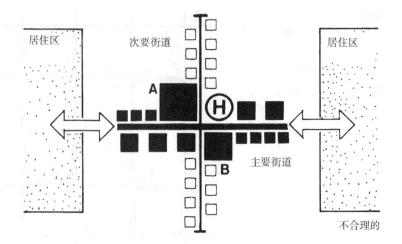

—中心供应服务区在相同级别的主要街道十字路口，街道交叉口上集中了的具有访客较多的设施，"单极中心"，运用吸引力不同的场所所采取的均衡的设施配置

—中心供应服务区位于相同级别的主要街道沿线，沿整条街道，均匀分配访客较多的重要设施，"多极中心"，运用各种场所质量而采取合理的设施配置

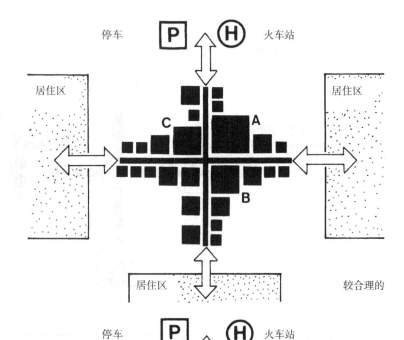

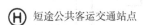

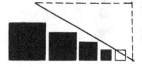

5.3 独立商店：建筑与交通流线的特点

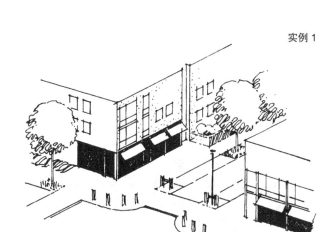

小商店，主要出现在居住区，提供以下日常需求的供应服务

—食品
—面包，糕点
—报纸，饮料
—洗衣店
—银行营业部
—餐馆

[根据建筑使用条例（BauNVO）中的纯居住区（WR-Gebiete）、一般居住区（WA-Gebiete）、特殊居住区（WB-Gebiete）配置用途]

实例1

居民区中的独立商店配置示意图

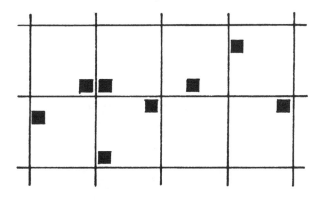

实例2

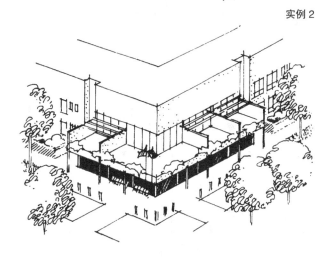

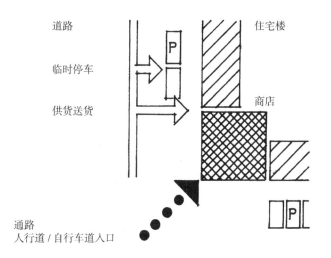

实例3

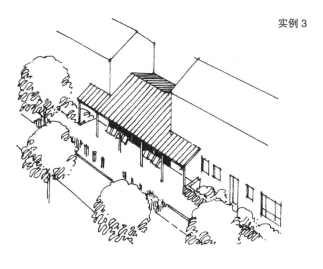

第 5 章　供应服务区的造型　167

5.4 商业街：建筑与交通流线的特点

商业区的经典形式

沿着各种宽度不同的街道的商店

从小型的邻里中心到大都市的购物街——其相应的供应服务职能，从日常需求到长期的高级需求。

[一般居住区（WA-Gebiete）、混合区（MI-Gebiete）核心区（MK-Gebiete）]

实例1

居民区中的商业街配置示意图

实例2

通路　　　　　　　　　　　　实例

| 仓库 | 停车 | 供货送货 | 仓库 |
| 销售 | 步行 | 车行 | 销售 |

| 供货送货 | 停车 | 步行 | 仓库 |
| 销售 | | 车行 | 销售 |

步行区

| 车辆入口通道 | 仓库 停车 | 步行 销售 | 停车 限时的供货送货 |

| 车辆入口通道/停车 供货送货 | 步行 | 仓库 销售 供货送货 |

建筑剖面图　　　　　　　　实例

| 住宅 |
| 住宅 |
| 贮藏室　仓库　销售　道路 |

| 露台 |
| 仓库　销售　道路 |

| 露台 |
| 贮藏室　仓库　销售 |
| 供货送货　　　　　道路 |

| 住宅 |
| 办公 |
| 供货送货　仓库　销售　道路 |
| 　　　　建筑扩建区 |

168　城市设计（下）——设计建构

5.5 商业中心：建筑与交通流线的特点

商店和其他公共设施整合在一栋独立的城市综合体中。

商业中心的规模，从邻里中心到以整个城市为服务对象的购物中心等级相差非常大。其相应的供应职能由日常需求到长期的高级需求，服务范围很广。

居住区中小型商业中心的城市设计能够轻易适应周围环境。越是大型的商业中心，越是需要仔细地对周围相关的场地/空间和外部立面进行造型设计，或是给予围绕住宅和办公室扩展的建筑形式以优先权。

居民区结构中的商业中心配置示意图

道路　　　　　　实例

仓库　　　　　车辆入口通道　停车
销售　　　　　供货送货

供货送货
仓库
销售
行人

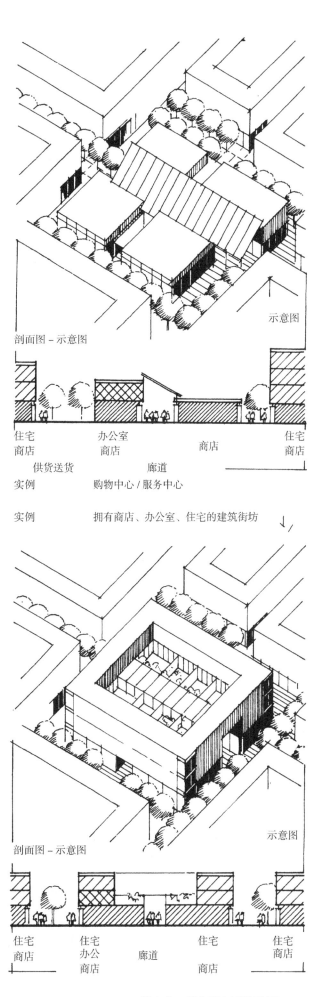

剖面图 – 示意图

住宅　　　办公室　　　　　　　商店
商店　　　商店　　　商店

供货送货　　　　　廊道

实例　　　　购物中心/服务中心

实例　　　　拥有商店、办公室、住宅的建筑街坊

剖面图 – 示意图

住宅　　住宅　　　　　　住宅　　住宅
商店　　办公　　廊道　　　　　　商店
　　　　商店　　　　　　　商店

第 5 章　供应服务区的造型　169

5.5.1 商业中心的功能配置

实例

—功能的水平配置

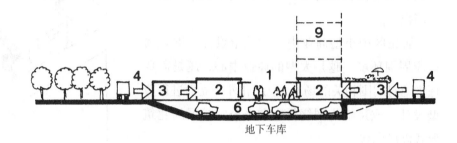

—功能的水平配置
车库位于地下室

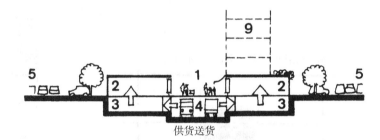

—功能的垂直配置：
销售层—供货送货层和仓库层

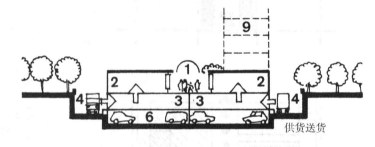

—功能的垂直配置：
销售层（廊道）—供货送货层和仓库层
—地下停车场

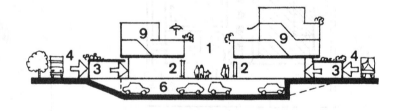

—功能的水平配置：
销售层、仓库层、供货送货层—地下停车场

—功能的垂直配置：
办公层—销售层—供货送货层—仓库层—停车层

1. 商业街
2. 商店，百货公司
3. 仓储空间
4. 供货送货
5. 停车场
6. 地下车库
7. 停车场
8. 办公/事务所
9. 住宅

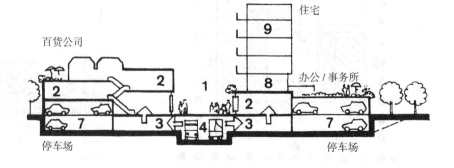

5.5.2 商业中心的造型

随着商业中心规模的日益增长，其主要的单一功能商业中心的结构形态与经营组织的要求，以及必需的附属设施（道路，停车空间等）决定了商业中心的必要规模。当规模越大，其与周围环境结构上和形态上的协调就会变得更加重要。

非常不合理

不融入周围环境，具有排斥感的建筑物

切断城市形象和道路"断点"空间

非常不合理　　　　　　　　　　　　　　　　　**实例1**

合理

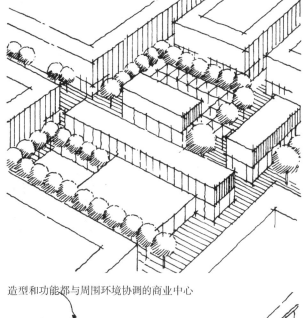

造型和功能都与周围环境协调的商业中心

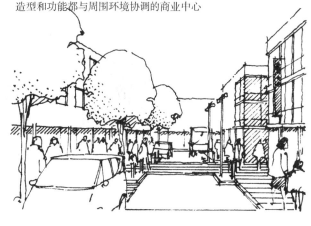

商业中心与住宅建筑之间的密切联系。连贯的通路不切断人潮

合理　　　　　　　　　　　　　　　　　　　　**实例2**

—过渡区的造型

A. 封闭的冷漠的"仓库建筑"作为商业中心的背立面

B. 由橱窗装饰而成的正立面，以及入口区域的开敞的宜人的造型，隐藏供货送货立面的设计

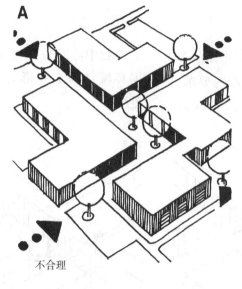 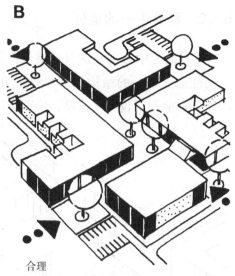

不合理 　　　　　　　　　　　合理

C. 从停车场观望入口区域时，视线能看到仓库墙壁冷漠的正立面，与周围环境无联系

D. 有树木、骑楼和橱窗的入口前广场，使通向商业街的过渡地带显得令人亲近

E. 被空货架和垃圾堵住的仓库正立面

F/G. 以封闭的供货送货仓库内院来造型的背立面，使细部造型富于变化

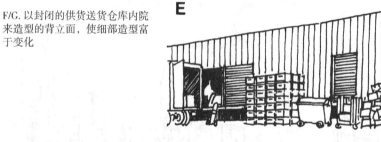

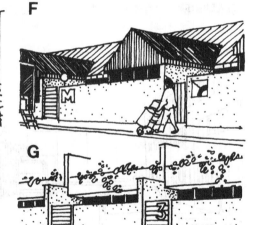

H. 从周围住宅看起来不美观的屋顶

I. 通过屋顶造型使商业中心与周围环境相融

K. 通过加建一层办公和住宅，在建筑物空间构成上融入居住建筑

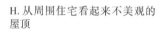

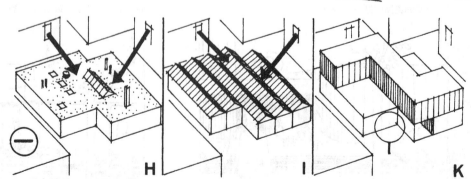

—多层商业中心

销售区分散至多个楼层，并提出特殊的要求。
鉴于可达性和可看性，商业楼层的配置和交通联系必须保证尽可能同等水平的区位条件。

—实例—

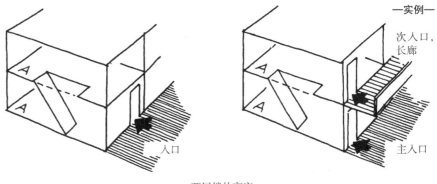

两层楼的商店

入口被限制在一层，仅适用于某些特定行业　　　主、副入口位于不同楼层

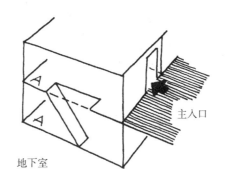
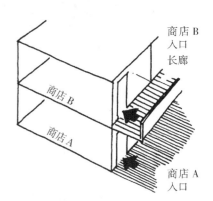

商店A有利地位于主要通道层，商店B位于次要通道层明显吃亏

实例比较：
A. A商业楼层。处在主要通道的位置上。可达性、可看性较好
—有利位置—

B 商业楼层位置偏远，只有通过楼梯才能到达。可达性和可看性相对比较差
—不利位置—

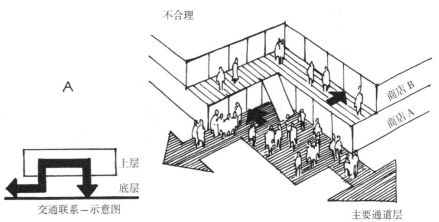

B. 商业中心在多楼层中以梯级形式适应坡地地形。
主要通道层穿过所有商业楼层，这样就保证了可达性和可看性具有同等价值。

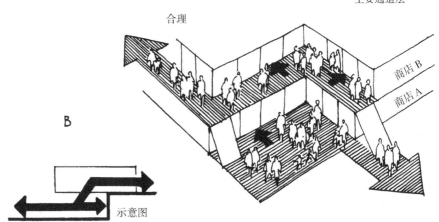

第5章 供应服务区的造型　173

5.6 步行商业街的设施与造型

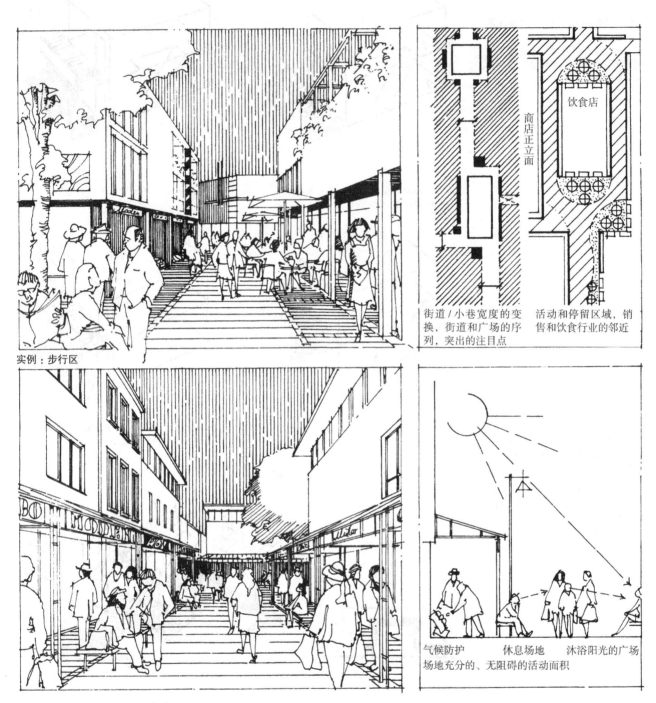

实例：步行区

实例：步行区

街道/小巷宽度的变换，街道和广场的序列，突出的注目点　　活动和停留区域，销售和饮食行业的邻近

气候防护　　休息场地　　沐浴阳光的广场
场地充分的、无阻碍的活动面积

步行商业街别具魅力。它为来访者提供了安全的活动空间和不受干扰的休息的可能，同样也赋予多种多样的配置和造型设计的自由。

然而这种魅力和造型设计上的自由可能误导街道和广场演变为典型的商业性梦想舞台。(越多越新奇则越好)。鉴于此，建议适度、谨慎地利用所赋予的自由，避免流行的怪诞。应当将街道和广场的形式、比例、周围环境和传统在其场地特性中作为具有个性特征的造型基础加以考虑和发展。

一个具有协调的空间比例，开阔的通行区和舒适的休息区，且与周围环境存在紧密的功能和路径联系的丰富多彩的空间结构，可以赋予商业区值得期待的耐久性。

步行区休息和停留的舒适度

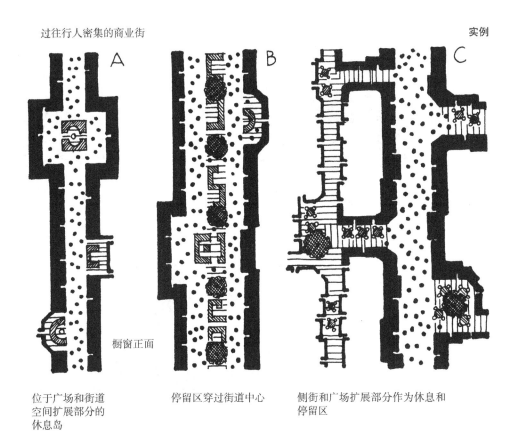

过往行人密集的商业街

A 位于广场和街道空间扩展部分的休息岛

B 停留区穿过街道中心

C 侧街和广场扩展部分作为休息和停留区

橱窗正面

步行区的魅力可能吸引大量的行人,而抵消原先不受阻碍的舒适活动的优点。因此在规划和配置步行区时创造足够的机会消除拥挤,提供安静和便利非常重要。

浏览橱窗

问候熟人
与其他人交谈
家人观察

沉思
在口袋中寻物
灯

休息
观望
等待

坐在阴凉处

用餐
闲谈
观望

第 5 章 供应服务区的造型

5.7 通行车辆的商业街设施与造型

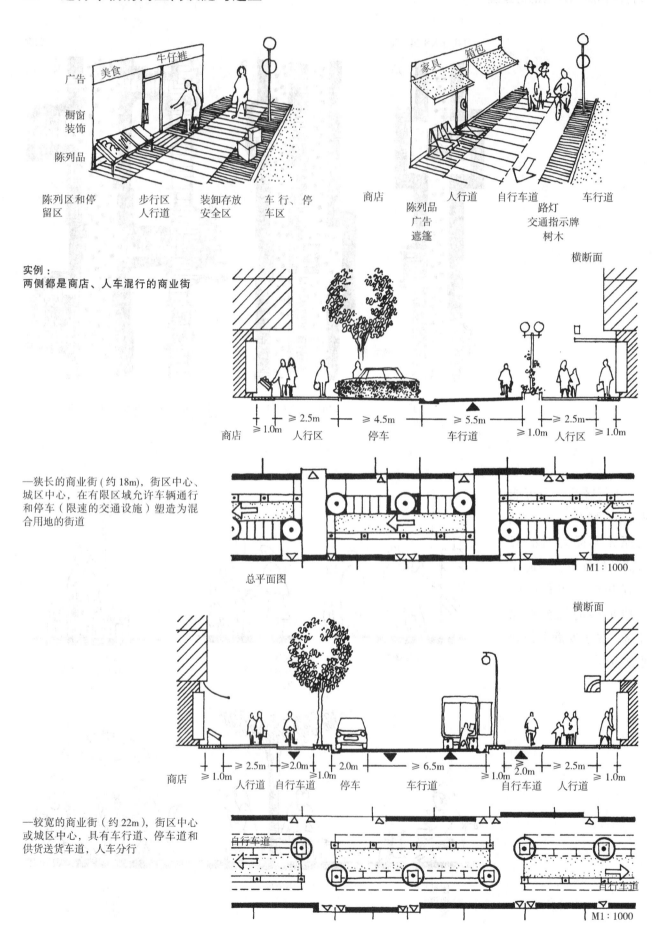

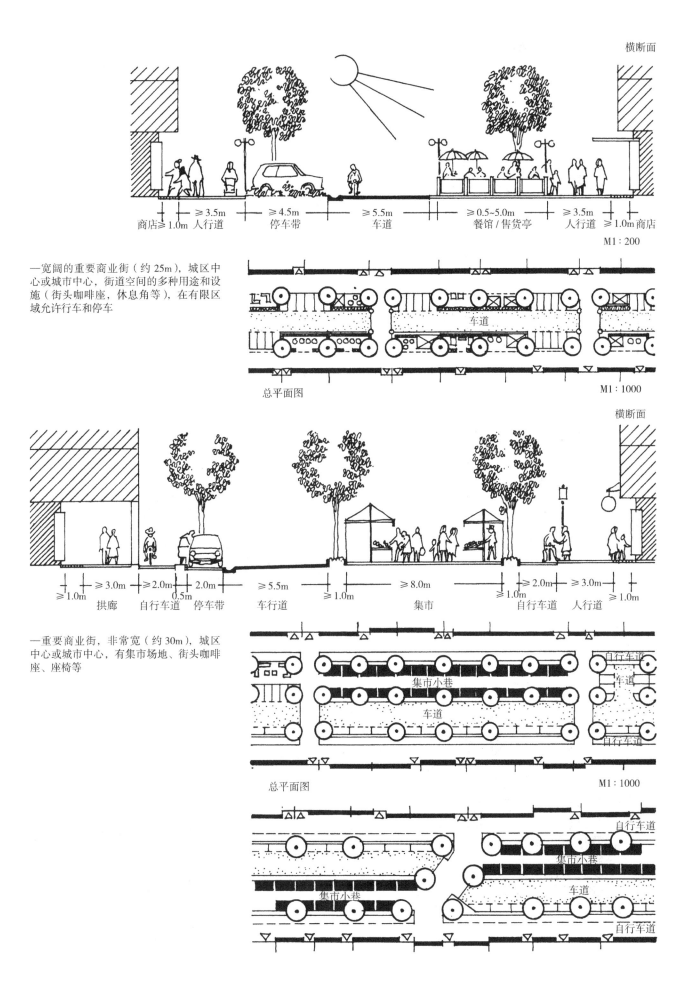

—宽阔的重要商业街（约25m），城区中心或城市中心，街道空间的多种用途和设施（街头咖啡座、休息角等），在有限区域允许行车和停车

—重要商业街，非常宽（约30m），城区中心或城市中心，有集市场地、街头咖啡座、座椅等

5.8 商业楼层的造型

5.8.1 商店立面的建筑造型

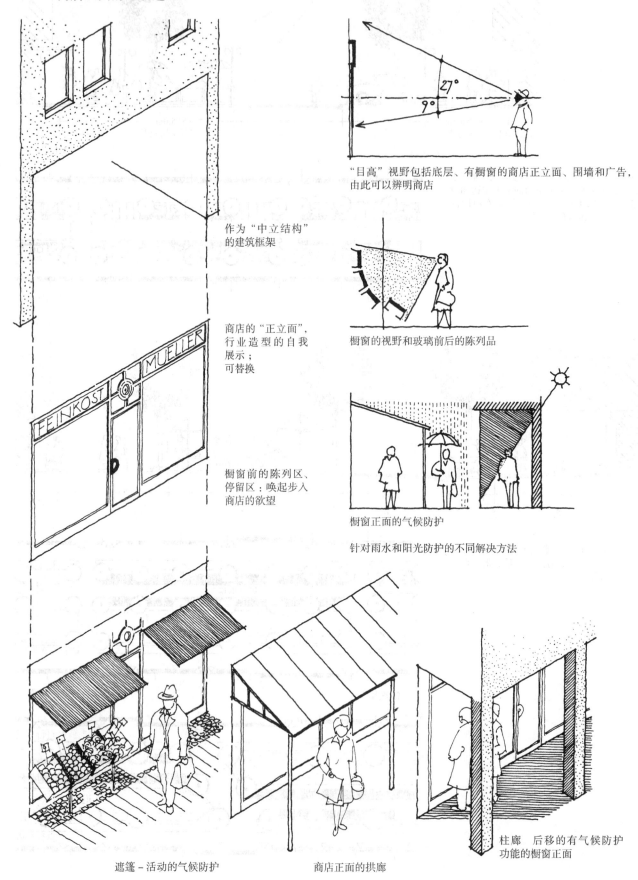

作为"中立结构"的建筑框架

商店的"正立面",行业造型的自我展示;可替换

橱窗前的陈列区、停留区:唤起步入商店的欲望

"目高"视野包括底层、有橱窗的商店正立面、围墙和广告,由此可以辨明商店

橱窗的视野和玻璃前后的陈列品

橱窗正面的气候防护

针对雨水和阳光防护的不同解决方法

遮篷 – 活动的气候防护

商店正面的拱廊

柱廊 后移的有气候防护功能的橱窗正面

多层大型建筑物的底层（橱窗）地带的造型及其解读街道和广场的建筑形象的作用

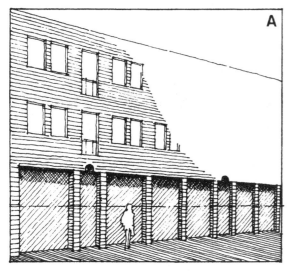

平面化的立面造型，通过细部造型略微强调橱窗层

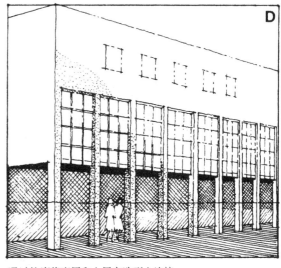

通过柱廊将底层和上层在造型上连接

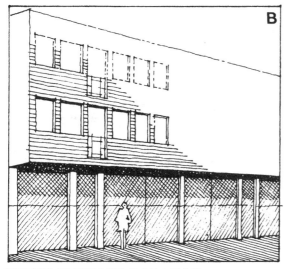

底层区域和多层建筑中横向突出的立面分段

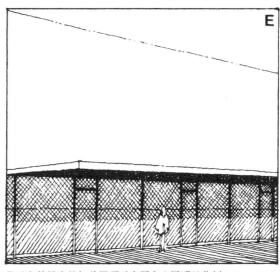

通过向外挑出的加盖屋顶对底层和上层明显分割

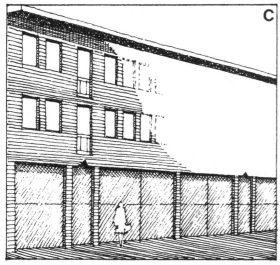

平面化的立面造型，带有明显的作为空间收头的屋檐

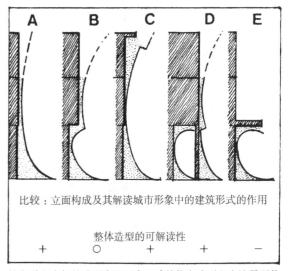

就街道和广场的造型意义而言，建筑物在造型上应该尽可能的完全发挥效用

第 5 章　供应服务区的造型　179

5.8.2 商店建筑与商业街造型的特殊建筑形式

拱廊、柱廊和雨篷提供了气候防护和相对于车行道的安全。它传达一种安全的感觉，创造了一种特殊的从私人空间向公共空间过渡的空间体验。

有拱廊的街道空间

内部空间　　拱廊

实例1：
—拱廊

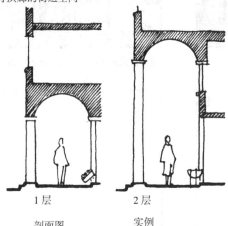

1层　　2层

剖面图　　实例

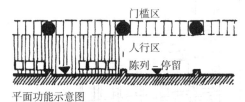

平面功能示意图

实例2：
—柱廊

为了尽量避免步行者从步道踏入车道的危险，需要采用充分的步道宽度，或在步道和车道之间设置高差。而临车道的圆柱之间的人车分离带，最好不要设置橱窗。一旦设置就构成妨碍，使步行者看不到车道，于是步行者的安全性就无法得到保障。

设有柱廊的广场　　柱廊内部空间

—高达二层的柱廊

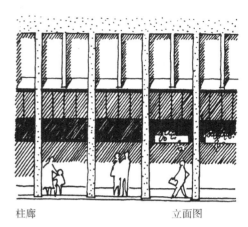

柱廊 廊道　　　　　　　　　柱廊　　　　　　　立面图

实例3：
沿着橱窗正面设置的雨篷，作为有气候防护作用的店铺单元连接

—钢结构的平顶雨篷

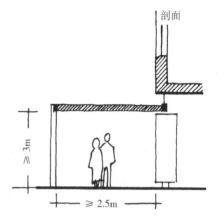

—透明的钢和玻璃结构的外走廊

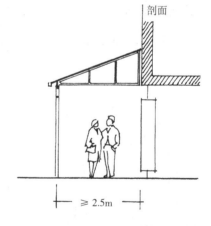

—木结构的单坡屋顶

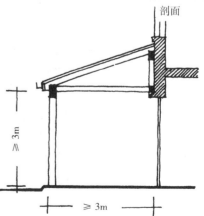

第5章 供应服务区的造型　181

实例 4：廊道

长而连续架设的廊道，构成了步道结构中的一个独特元素。它缩短了步道，且能深入商业区的内部深处。

不仅仅提供了活动自由、交通安全和气候防护，而且体现更多廊道的多样性和充实性。空间形式和细部造型的使人们可以获得各种特别的空间体验。

借助廊道进行建筑街坊的交通联系

- ||||| 廊道
- ● 广场/内院
- □ 橱窗正面
- ▨ 商店

有玻璃棚的天井

设有天篷的连续廊道中的有玻璃棚的开敞型天井值得推荐

廊道造型的实例

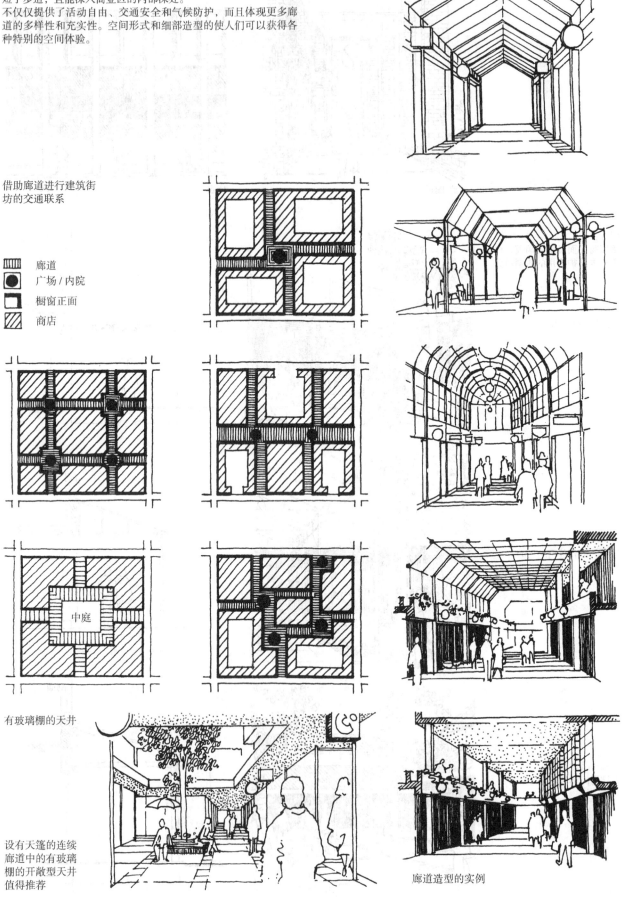

5.9 多功能使用结构的商业中心

造型的可能性/必要性

餐馆
咖啡馆
商店

教堂

剧院

市政厅

商店
小酒馆

购物商店

实例：历史上的市城市核心区

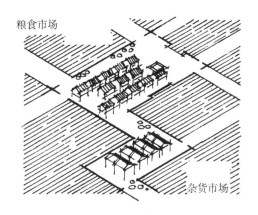

粮食市场

杂货市场

城市中的市场

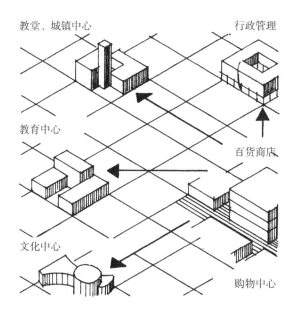

教堂、城镇中心

行政管理

教育中心

百货商店

文化中心

购物中心

在城市内部组织结构中不同功能的集中和空间分隔，乡村中心和城市中心的实质丧失，造型要求关注于单一设施及其周边环境

商业中心区、核心区、中央地区从概念上描述了一个地方在一个乡村或城市中的区位——即一个涉及空间结构、强调形态和内涵、并反映具有时代特征的社会、经济、文化状况的地段。

商业中心区是提供商品、服务、娱乐的活动、市场，它们的范围、多样化、品质以需求为导向，同时推动新事物。中心区可以是有尊严和权威的场所，表现文化和宗教价值观或者经济政治的力量。

商业中心区是特别事件、突发和有组织的活动发生的场所，"人们可以在这里经历一些事情"，具有独特的魅力，融合了工作日和节假日的活动。中心区也是公众焦点，在这里不同城区和各阶层的差异链接成整体，是城市的"最佳所在"。

商业中心区是外来访客首要探访并留下深刻印象和记忆的场所。中心区也是城市导向的目的地和出发地。这里形象深刻，可以邀请访客将城市识别为停留地和居住地或作为工作场所。中心区也可以使外来访客产生特征不明显甚至是冷漠的印象，其缺点将成为整个城市的负面形象。

吸引人的城市中心区位于所谓的"柔性"场所要素名册的前列。

商业中心区可以只是商业利益的聚集，并通过销售量和不动产价值来确立。中心区也可以并应当成为"整体艺术品"，有用且美观的事物在这里相互融合，相互增值，就如同很多（历史上的）乡村中心和城市中心所展示的美好实例那样。

商业中心区曾经是城市核心，并且也应当保持这一地位，功能、造型、意义表达的整体精髓在这里不断增加。

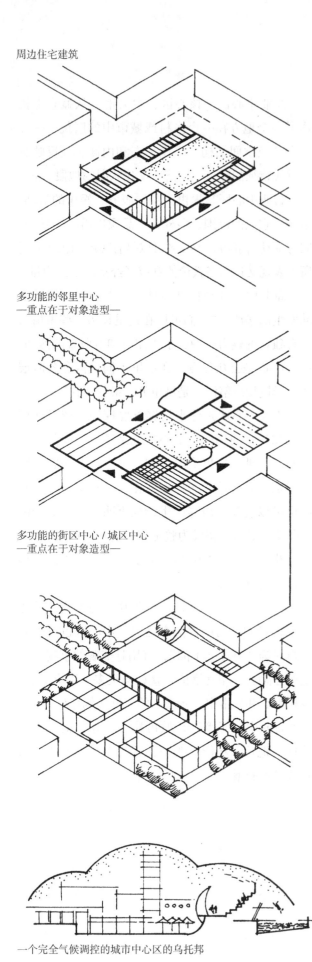

周边住宅建筑

多功能的邻里中心
—重点在于对象造型—

多功能的街区中心 / 城区中心
—重点在于对象造型—

一个完全气候调控的城市中心区的乌托邦

—拥有多功能使用结构的商业中心

供应服务区在各个领域均有发展，并常常带来设施的特殊形式。经营特有的经济视角日益决定购物区的功能和形态，就如同决定社会、文化和学校设施的功能和形态。根据其"自身定律"的规划，引发不同供应服务在空间和内容上越来越大的分歧。一个多样化的整体，其功能交换、一贯的要求及体验极大程度丧失了。

应用性和可实现性的缺点，理想和美学上的衰退、"都市风格"的丧失，激发了合乎时代且呼应老市场形象的新中心形式的设计，所有公共设施的并存与相互关联应该能够实现多样化，并提供丰富体验。"一个屋顶下"很多不同功能的空间紧凑布局将对中心区形象的影响从城市形态转移到建筑形态上。与乡村或者城市空间上的形象化联系丧失了，商业中心被缩减成内外明显分割的附加的功能综合体。对中心区域的限定容易将时间和期望的访客群体排除在外，并对城市中心区中的高级购物廊道和名贵商店长廊产生影响。

184　城市设计（下）——设计建构

—拥有多功能使用结构的商业中心

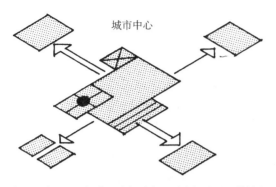

多功能城市中心和城郊专业市场并存 – 对市场造型及其周边环境的影响很小

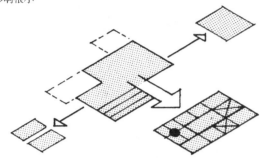

购物中心作为乡村中心和城市中心之间的竞争 – 对对象和周边环境造型施加的影响很小

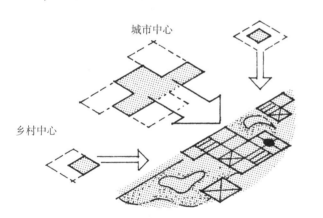

"购物中心与体验中心"作为乡村中心和城市中心的区域性竞争 – 商业建筑、对对象和周边环境造型的影响很大

大规模的汽车主导的购物中心已经使乡村和城市中的传统供应服务中心面临巨大的经济问题，导致内城地区的若干场所荒废，在近期的"体验中心"的最新开发中，其规模和供应多样化再度扩展并涵盖区域性的影响区，这更让人担忧。这种开发不仅逃避造型影响的各种要求，也扩大了在功能和造型上保护和发展历史中心的问题。

从城市设计视角以及社会原因来看，在一个道路和广场（与住宅和工作场所结合）的空间内部组织中布置公众主导设施的传统中心区结构，无疑具有优点。这种理念最有可能创造一个在功能、造型和氛围中高效、生动且体验丰富的中心区，针对变化可以做出灵活反应，并与周边环境建立空间、功能和造型上的紧凑联系。

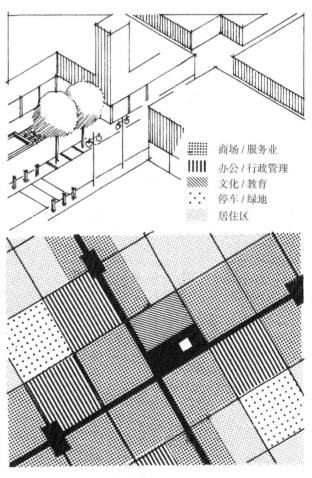

城市中心作为空间、功能性网络，造型重点在于公共空间，公共用地的细部造型，受城市形象影响的建筑物之间的联系

第 5 章 供应服务区的造型　185

第6章 混合区和产业区

6.1 混合区，混合使用的问题和视角

住宅与工作地点在空间上非常接近的情形，是古代城乡地区的典型特征。

产业、服务业与住宅在这类混合用地中的相邻关系，一方面意味着因功能与生活需求紧密结合而带来的便捷以及富有变化、充满活力的生活气氛；而另一方面，与前者相反，也同样意味着阻碍、烦扰和限制。

对噪声和臭气日益增加的反感、开放空间的短缺、安全问题及居民所见的造型上的无序，或者空间与企业发展可能性的缺失、工商企业监管的局限性以及企业所遇到的交通问题等，都使得各种用途很难相互融合。

实例：混合用地原来的状态

实例：通过一系列措施改造后的混合用地的新秩序

因此在规划上可以预见以下的结果，即在规划中"离解"各种不同的用途，也就是说，将空间上相互分离的场所统一考虑。

正如以往经验所显示，将功能分解在"单一功能区"内通常会导致体验品质的贫乏（尤其是在纯居住区中）、供应服务的短缺以及较长的道路联系。同样，经济原因也会导致大多数小型和资产赢弱的企业在清仓出售时受到限制。

对于现存的混合用地，应当优先考虑通过选择性清仓和相互不矛盾的单项措施来改善兼容性（例如，克服开放空间短缺和污染排放的难题，在结构和造型上加以改善）。

通过住宅建筑与产业建筑的现代化来进行城市更新

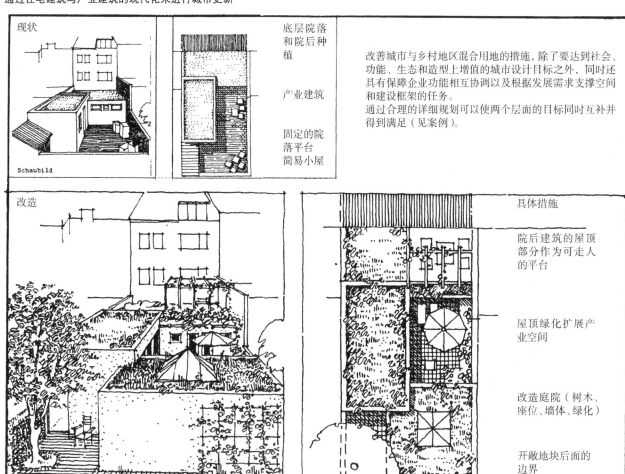

也可参见上册 4.12

预测未来的发展可能 / 居住与工作混合的必要性

首先，通常认为住宅和传统形式的产业相邻可能会造成混乱，因此应该在规划上进行严格的控制。

面对当今耕种情况、通信技术以及受个人和社会极大影响的工作方式和工作组织带来的无法预知的变化，必须在城市设计中充分考虑可以预见的结果和新需求。

在一些工作岗位中，由于摆脱了固定的工作地点与工作时间，越来越多的人主动或被动地成为自由职业者。信息交换和工作进程主要是通过电话、传真和网络展开。这种工作岗位的分散化和工作时间的灵活化（或者出于经济成本的考虑）为工作和居住在时间和空间上的相互联系提供了可能，即在公寓、住宅或是邻里街坊中混合两种功能。工作的个体化（或者说孤立化）对居住、工作环境提出了新的要求。我们必须均衡地考虑居住和工作环境的私密性以及信息交流、平衡管理和多种体验的公共性。

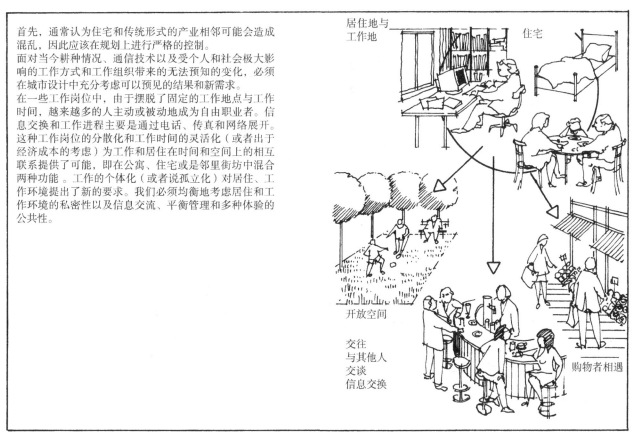

居住与工作相毗邻

规划案例：在建筑内部或邻里街区中具有混合功能的建筑形式

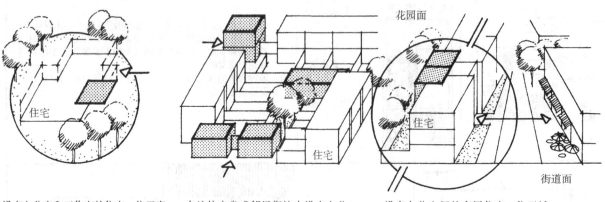

设有办公室和工作室的住宅，位于安静的园林式和自然景观式的环境中 | 在地块本身或邻里街坊中设有办公室和工作室的联排住宅组团 | 设有办公空间的多层住宅，位于城市性的环境中

居住和工作混合布局的多层建筑

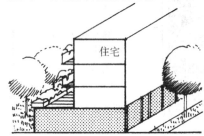

通过分割楼层来组织多层建筑的居住和产业使用功能（商店、办公室、工作室、服务业）

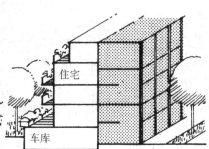

多层建筑的住宅朝向花园面，办公室和工作室朝向街道面

邻里街坊中的居住与工作混合布局

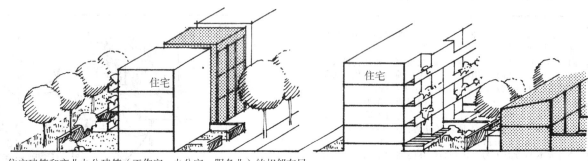

住宅建筑和产业办公建筑（工作室、办公室、服务业）的相邻布局

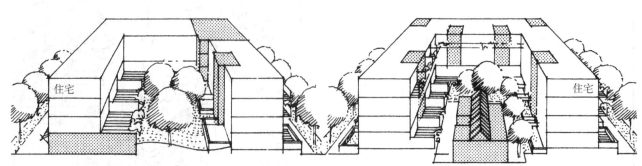

住宅街坊内设有作为商住、"商务"和商店/工作作坊层使用的企业单元 | 住宅街坊的内院设有作为商务、工作作坊/工作室使用的企业单元

6.2 产业区

6.2.1 建筑形式

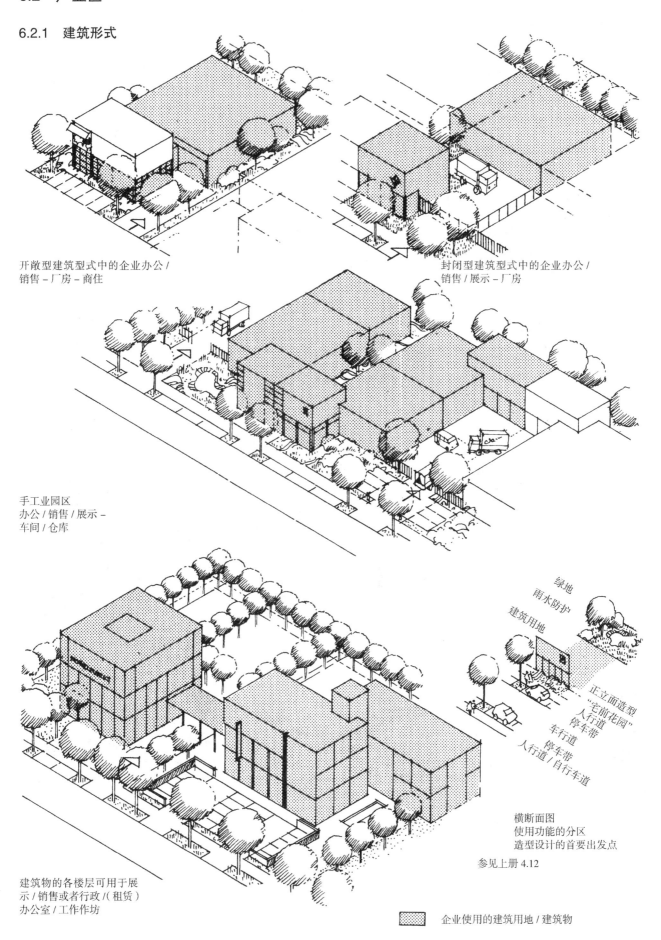

开敞型建筑型式中的企业办公/
销售－厂房－商住

封闭型建筑型式中的企业办公/
销售/展示－厂房

手工业园区
办公/销售/展示－
车间/仓库

建筑物的各楼层可用于展
示/销售或者行政(租赁)
办公室/工作作坊

绿地
雨水防护
建筑用地

正立面造型
"宅前花园"
人行道
停车带
车行道
停车带
人行道/自行车道

横断面图
使用功能的分区
造型设计的首要出发点

参见上册4.12

▨ 企业使用的建筑用地/建筑物

6.2.2 造型案例

产业区（大多数在空间上远离乡村或城市地区，其建筑和道路网明显较为粗糙，且具有功能导向性）需要一种特殊的造型设计理念，这既不同于城市设计方案中建筑物及其配置的造型设计，也不同于将建筑物与周边景观环境相结合的造型设计。同时这种理念应该在使用功能变更、改建、扩建时考虑地区特色。此外，空间使用的范围和强度也要求采用生态协调的措施。

考虑到周边环境外观形象（建筑与景观的相邻关系）的显著影响，不能舍弃有效的造型规定而追求达到某些纯粹的用途配置。通过企业形象与造型设计，创造视觉上的可识别性，这同样也会与企业和投资者的时尚观念背道而驰。

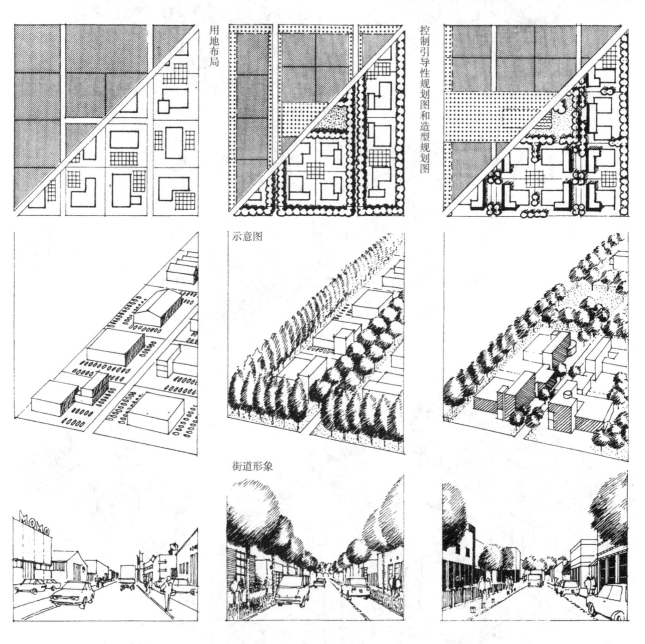

带有工业特色的产业区——纯粹功能性的布局，为建筑物及其配置的造型舍弃城市设计领域的形态设计手段——没有考虑产业区在其建筑和景观环境中的协调性——几乎不可能产生一种积极的场景。

不合理

带有"公园特色"的产业区街道、开放空间和边缘区的城市设计与景观设计手段，植有树木的公共绿地环绕着企业用地，这些企业用地以达到视线遮挡和确保生态平衡用地安全为目的，尽可能确保建筑造型的自由。

较合理

具有整体设计理念的产业区，融合了城市设计领域（街道、广场、绿地、边缘区）、建筑物及其附属空间的造型。建筑刻画了街道形象，以及周边作为密集树群向自然景观过渡的绿地。水面和种有多种植被的绿地开放空间，具有更好的生态效益。

合理

6.2.3 造型规定

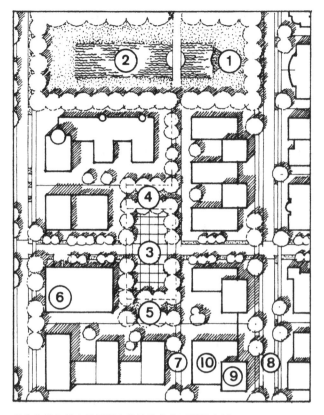

具有公共和社会共用服务设施的产业区设计实例
—局部平面图　　　　　　　　　　　　　　　　M1∶2000
①饭店、会议空间
②公共绿地
水池（由屋顶落水提供水源）
—生态平衡用地
—休闲区
③货车停车空间
④垃圾收集：分类和使用场地（或者作为短时休息用的绿地）
⑤中央能源配给和回收再利用设备（或者作为短时休息用的绿地）
⑥访客和雇员的车库
⑦主要的步行道路网
⑧支路、步行道和自行车道
⑨办公建筑
⑩厂房（仓库，车间）

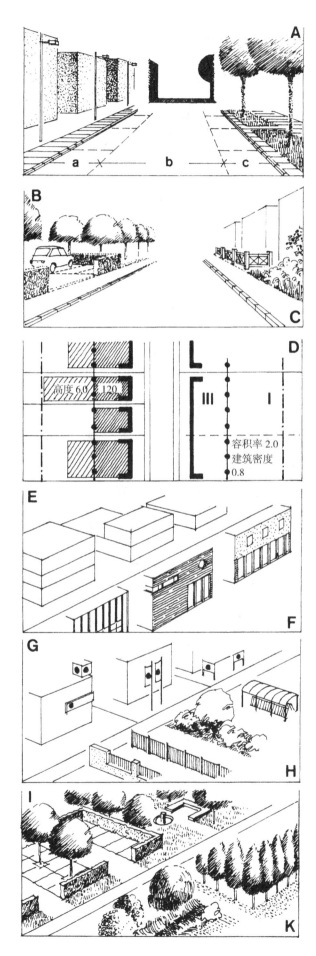

产业区规划的造型影响要素

A. 街道空间—空间的宽度和深度
　　　　　　—街道剖面的尺寸
B. 公共与私密空间之间的过渡区
C. 街边绿地—细部造型，绿化
D. 用地划分结构，可分性，纵深开发的空间和建筑使用规模
E. 建筑形式
F. 正立面造型设计，材质
G. 广告设施
H. 地块围栏，周边设施
I. 开放空间（私密空间）
K. 景观环境的边缘区

第6章　混合区和产业区　191

造型观点的发展阶段

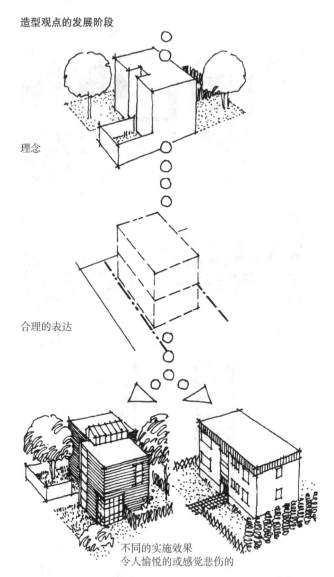

理念

合理的表达

不同的实施效果
令人愉悦的或感觉悲伤的

在城市设计中，细致认真的造型设计在逻辑上是与某种愿望相联系的，即规划的实施也应受到造型理念的影响。令每个致力于造型的设计师感到遗憾的是，这种期望在规划过程中往往困难重重。

现今几乎还不存在任何形态、经济或文化上的共识，使造型观点得到普遍的"理解"、接受和遵循。

通过造型设计创造一种秩序，使部分整合成和谐的整体、个体从属于整体，而这种理念恰与多元论观点对于"美"或"丑"的不同见解相对立。规划的目标"美观"不能被客观地"论证"或针对法律上的异议进行担保，同样也很难被界定。任何人在任何时间都需要在造型中寻找它特有的可识别性，然而在无可奈何的（或者说是实际的？）推断中总是可以得出这样的表述："只要受益，每个社会都会美化或丑化其环境。"

第7章　造型规定

7.1 控制引导性规划或条例中的造型规定

尽管如此，规划不能也不允许退缩到只满足功能需求的程度，也不允许为短暂的时尚品味服务而设计，或将造型目标降低到"最小公分母"的统一标准。同样，如果"未经设计的"规划采用了形态设计的内容，规划师在这种情况下将会"不情愿"承担起这个责任。

然而这并不是说放弃规划应该通过造型展示具有深远影响和关联性的先进理念的需要。人们反复追问一个问题：造型观点的内容是如何形成的，如何达成最终的设计意向，以及通过何种方式来实现设计。为了方便读者，本章将概述性地讨论规划层面、规划和法律手段、造型设计说明的方式以及可能达到的效果。同时，面对丰富多样的规划方法和手段，我们必须说明的是，不同的规划实际情况需要综合考虑，选择一条在内容与实施上都适宜的途径。

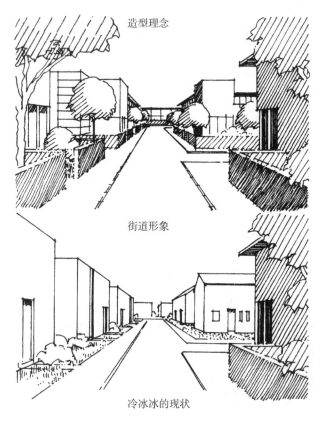

造型理念

街道形象

冷冰冰的现状

概述 1：规划层面、专项规划及其内容、空间和时间上对于造型可能影响的一览表

规划层面	规划形式（重新布局和局部修订）	规划内容与造型的关系	影响 空间 大尺度空间	影响 空间 与局部地段的关系	影响 空间 与具体项目的关系	影响 时间 大于20年 长期	影响 时间 10~20年 中期	影响 时间 小于5年 短期
建设指导规划	（发展规划）土地使用规划（预备性的建设指导规划）（框架规划）	造型的整体纲要 造型纲要 地方现状调整 在控制引导性规划和局部地段规划中地方现状、形态目标规定的具体联系	× ×	（×） ×		× × ×	× ×	
建设指导规划	控制引导性规划（具有法定约束性的建设指导规划）城市设计–法规文本、开发计划中的控制引导性规划	空间造型观念或规定，地方规划指标调整中的建筑和开放空间		×	（×）		×	（×）
	景观规划 绿地框架规划	景观的造型设计和维护纲要 公共开放用地的造型规划指标	×	×	（×）	×	×	（×）
专项规划	局部地段规划和具体项目规划 —公共空间的造型设计和改造 —市政基础设施配置的造型 —景观地带、公共开放用地的造型 —建筑设计、建筑及其周边环境的造型 —城市形象和地标维护	为实现目标进行的造型意图详细说明	（×）	× × × ×	× × × × ×	× ×	× ×

如同上述一览表所示，在建设指导规划的所有阶段都为城市设计的造型提供了各种可能性，并提出了相应目标。同时，为了通过控制引导性规划及其相应的规定或造型条例赋予这些目标法定约束性，还提出了法律依据（建造法 §9、30、34、35）。

然而，这些法律上的可能性在规划实践中的应用被证实是非常复杂和有限的。因此人们是否或者在何种范围内把造型内容作为必需的规定，取决于地方政治实体的政治意愿。与造型关联的基本要求常常被违背，使造型另质趋向于一致，使建筑师和业主的创造自由受到过度的压制。因此，这些基本造型要求常常必须一成不变，以至于设计意图与实施之间相互吻合只是偶尔才出现。规定创立了法律基础，但这并不意味着没有结果的豁免或轻视会将其作用削弱，也不意味着其作用到最后会残缺不全。我们必须关注一个更进一步的问题，即基本要求很少针对实现封闭型造型理念的目标，而是（防御式地）阻止"丑化"（即防止"最坏的情况"）。

概述2：城市设计各阶段造型观点的发展

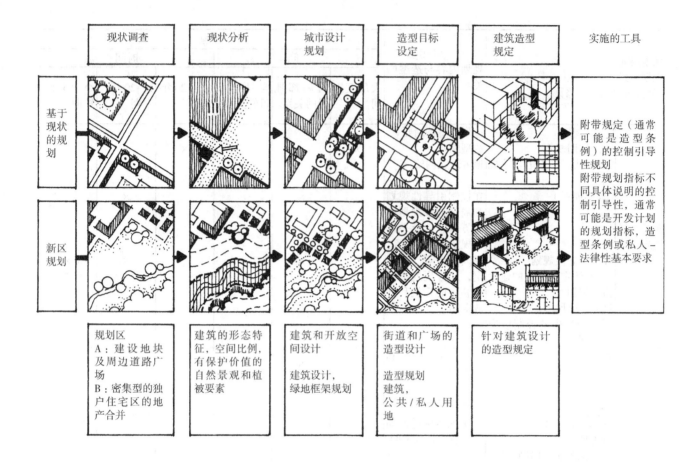

通过对规划法律工具的冲突和贫乏进行总结，我们可以提出以下建议：

——城市设计应当建构一个清晰的造型范式，这种范式即质量的"标杆"，引导之后的设计步骤抑或是结构上的变化；

——造型观点必须被赋以形象化及易于理解的描述，以此对公私区域造型之间的相互关系以及共同的责任提出明确的整体解决方案；

——规划的说明和讨论应当不局限于指定的最低标准，而是尽量提供详细且丰富的说明，使规划的内容和目标能被充分地理解；

——控制引导性规划或一个条例中的规定必须非常细致地加以考虑，针对特定情况进行适度调整，考虑理想化实施的时间轴线——并首先关注具有地区印记的造型结果（将相关要素联系和回旋余地结合实际加以区分）；

——对于大型高品位的项目，必须力求在开发商、建筑师、开放空间规划师的对话中共同制定详细的城市设计方案，并使控制引导性规划文本尽可能保持开放状态，其目的在于更好地理解整体需求，并使其品质具备竞争力；

——对基本要求和咨询结果的遵守必须受到具有法定约束力的保障（例如，在土地购买的过程中），并受到监督；

——规划在实施阶段需要具有法定资格的建设性导则和咨询，它们不会受到被禁止的威胁，而是扮演着规划及其参与者"代理人"的角色。

概述3：不同规划阶段/规划形式所必需或可能配置的造型要求分类，即附加的文字性规定或者条例，以及如郊区和乡村居住区的规划项目导则

与造型相关的城市设计和建筑设计要素 \ 规划形式 法律性规定导则	带有文字和图表说明的城市设计方案	控制引导性规划说明报告 文字性规定	造型条例 尽量采用有助于理解的直观图示	建议 规划观点的诠释 解决方案的推动
使用种类		●		
使用规模		●		
层高楼面数	●	●		
楼层数的分级	○	○		○
建筑型式	●	○		
可建设的基底面积	●	○		
底层布局 底层面积	●			○
建筑排列位置，建筑物姿态	●	●		●
主要及次要建筑物的配置	●	○		●
空间构成	●			○
屋顶形式 —屋脊方位/屋顶形式	●	○	○	●
—屋面坡度		○	●	●
—上层结构		○	●	●
—材料/色彩			○	●
—细部构造				●
正立面 —比例/分段			○	●
—材料/色彩			○	●
建筑的附属设施 —雨篷			○	●
—车库/车棚	●	○	○	●
—温室/花房	○	○	○	●
高度说明 —底层高度		○	○	●
—基座高度		○	○	●
—檐口高度		○	○	○
—折瓦（Kniestock）高度		○	●	○
外部设施 —围墙	○		●	○
—柱基墙	○	○	○	●
—种植	●	○	○	●
—铺地			○	●

● 造型相关要素的选择根据不同规划实际情况而定　　○ 在该种情况下具有可能性或者意义深远

对于明确的造型指标及其与规划实施的关联性的必要需求，理所当然与规划要求有关，同时也需要设计师具备与其职责相符的能力。这种能力不仅需要造型者的艺术才能，还要求对于现状特定特征的感知能力以及对于造型干预兼容尺度的判断力。

每个场所与其实际情况、理想特征，以及其中的人群，都决定了新造型的可能性和范围。在一项可预见的造型设计实施时间段中，要求与之相适应的有效的造型目标。无视场所间关联性及规划远景的造型要求很难符合规划任务，这种造型要求非但没有为相互理解建立桥梁，而是制造了理解上的对立。

概述4：取决于控制引导性规划中既定密度的造型限制或自由发挥空间的比较，如居住区
例：控制引导性规划中的某一城市设计方案的转变

例1：附设最低规定和私人合同基本要求的控制引导性规划，对造型或开发计划提出协调要求	例2：为建筑和开放空间造型中的重要元素所制定的控制引导性规划，其中附设完整道路规划以及明确的文字性规定	例3：附设详细规定以及建筑物、外部设施、开放空间用地造型具体规定的控制引导性规划
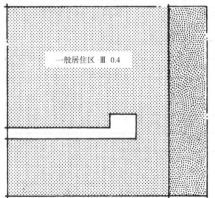	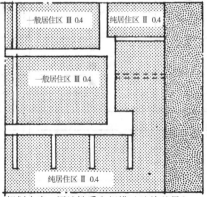	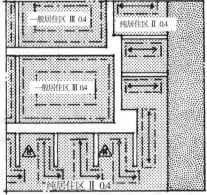
规划内容：用地性质和规模，最大楼层数，主要道路网	规划内容：用地性质和规模（地块差异），最大楼层数，道路网	规划内容：用地性质和规模，道路网，可建设的基底面积，屋顶形式/屋脊方位等
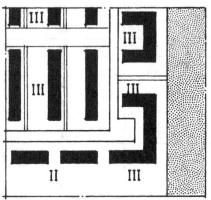	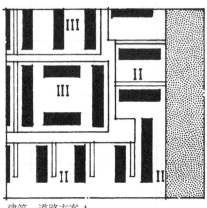	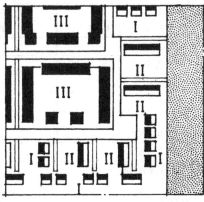
建筑、道路方案A	建筑、道路方案A	建筑布局方案与道路网方案符合控制引导性规划
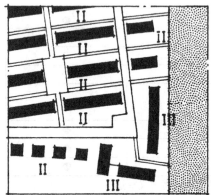	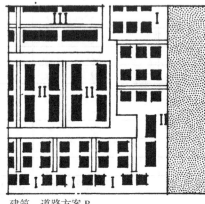	若没有控制引导性规划的形式变化，建筑道路的规划方案不可能具有如此的多变性（处理过程耗费大量时间和成本）
建筑、道路方案B	建筑、道路方案B	
规划场地产权属于城乡公有或某个开发商私有 目标："开放型的规划"，在开发商、建筑师、规划局的对话中解决实施方案中的问题 在开发计划中通过（与场地地形有关的）私人合同基本要求，或对完全开发项目进行委员会决议保障造型品质	目标：通过附设文字性规定的控制引导性规划保障内容方面的指标规定，此文字性规定需具有"可控制的"多样化可能性部分地块的开发与开发商、建筑师、规划局协调	目标：通过附设造型规定的控制引导性规划，保障城市设计中内容方面的指标规定，部分地块或单个具体项目的开发只在控制引导性规划指标的规定范围中可行，由规划局提供单项措施的造型建议

7.2 某城市设计规划范例中的造型规定

复杂的规划情形,例如基于现状的规划或划分成小地块的产权结构以及大部分出于私人建造意图的规划,不论有怎样的实现困难,都必须遵循正式的规划方法(控制引导性规划、条例)来保障城市形态的品质标准。

为了使新区大型范围的开发项目(例如城市扩展、工业和军事用地的功能置换)卓有成效,用非正式的规划开发战略补充正式的规划工具,以使法律上必需的最低规定和造型基本条款要素成为相互关联的规划要求,并通过对具体项目的时间和内容进行讨论来制定其余地区的规划开发,都是很有意义的。

规划中不能缺少表达清晰的城市造型模版,因为如果没有与整体相关的品质尺度,单项规划就失去了方向,无法实现功能、形式和内涵相联系的目标。

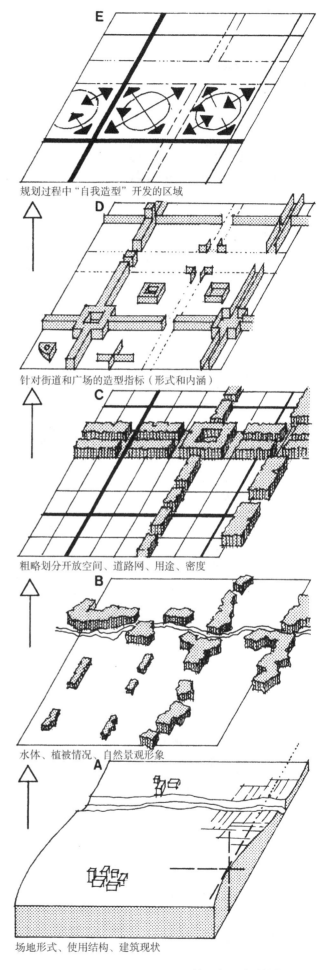

某城市造型模版的开发阶段(造型影响及步骤)
A. "场所的造型力量"、地形用途和建筑实质的结构
B. 水体和植被(自然景观)在造型上的显著特征
C. 某一规划区的空间——功能分区设计,基于地形和自然景观指标要求——用于功能和密度分配、道路网尺度和等级确定、分区的开放空间(绿廊)的空间开发/网络化的结构性理念
D. 公共开放空间(街道、广场、公园、绿廊)作为关联性指标规定的造型模版
E. 局部地区的"自我造型力量",基于使用者和时间条件限制要求进行开发

E 规划过程中"自我造型"开发的区域
D 针对街道和广场的造型指标(形式和内涵)
C 粗略划分开放空间、道路网、用途、密度
B 水体、植被情况、自然景观形象
A 场地形式、使用结构、建筑现状

参见第15~17页,第34页,第67页,第125页,第162页及上册3.3,4.2.1.6,4.10

某城市设计规划范式中的造型指标要求

规划地区示意图　　　　街道和绿廊的造型范例　　　　广场的造型示意图

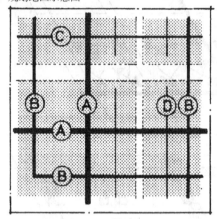

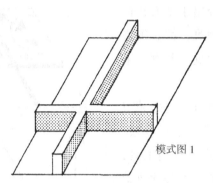

模式图 1

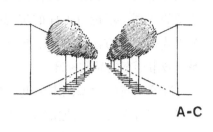

A-C

街道的结构和等级
建设用地的粗略划分

图 1
造型意图集中在公共街道和广场空间，建造要求局限于街道两边建筑物的轮廓线和高度中。形态印象：贯穿规划区的联系，公共特征决定形象。

图 2
街道空间和两侧建筑的造型塑造了整体形象，街道沿线建筑之间的"对话"确定了形态品质 – 提出相应造型指标要求，例如建筑的沿街轮廓线、高度、韵律，以及底层空间的造型。形态印象：公共或私密特征依赖于空间比例和用途。

图 3
街道 – 建筑（公共 – 私密）之间的过渡区以及特征显著的街角建筑决定了街道形象 – 相应的造型指标要求必须集中在过渡区和街角建筑。形态印象：私密的、封闭的街道特征为主。

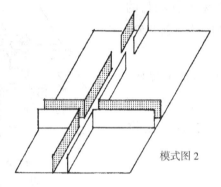

模式图 2

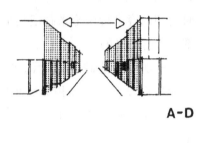

A-D

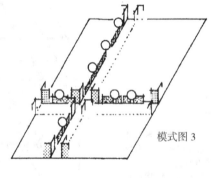

模式图 3

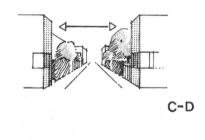

C-D

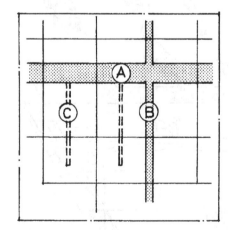

公共开放用地（绿地）的结构和等级

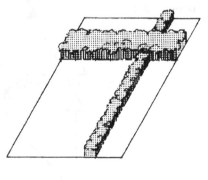

绿廊空间形象和平面划分结构

有小河的绿廊造型形象 1

绿廊的造型形象 2

参见第 25~28 页，第 61~69 页，第 74~78 页，第 118 页，第 125 页，第 162 页，第 174~177 页及上册 4.10

某城市设计规划范式中的造型指标要求

规划地区示意图

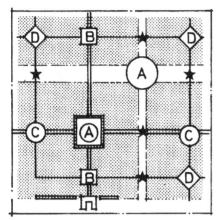

广场与特征明显的交叉口的空间配置和等级

图1
广场的形式与内涵通过街道交汇处的造型方式的联系进行诠释，或者通过造型工具的明显对比以强调——与空间比例和广场造型的形式重点有关的指标要求

图2
"建筑设计"的广场造型——必要的指标要求包括空间构成建筑的比例、造型特征，以及广场和建筑造型的显著场所特征之间的相互作用。形态印象：公共性的、中心区的或地方性的、私密性的，都依赖于用途和比例、密度

图3
广场形象的形态特征在于外观明显的单一建筑与注入其中的"柔性"过渡区的组合——指标要求符合建筑重点和过渡区。形态印象：变化多样、场所异质，主要为地方性和私密性的

参见第69页，第81~87页，第162页及上册4.10

广场和街道形态相联系的广场造型范例

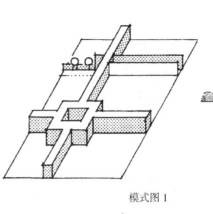

模式图1

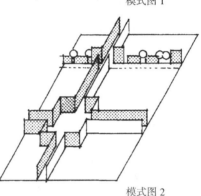

模式图2

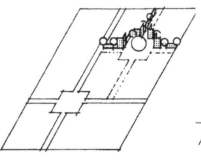

模式图3

广场和居民区边缘的造型示意图

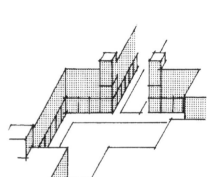

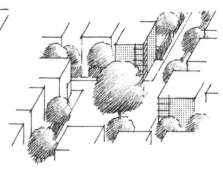

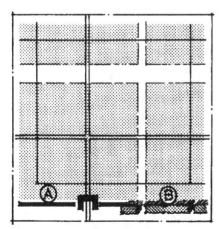

通过自然景观、门户状况确定居民区边界

参见第33页，第55页，第56页

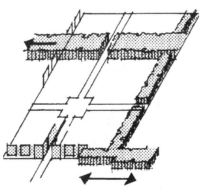

内外区域的明显形态边界或联系

居民区边缘的绿化布景

作为居民区边缘的"建筑墙体"

第7章 造型规定 199

某城市设计规划范例背景下的造型解决方案

一个针对局部地段和具体项目的造型解决方案在开发中要求所有参与者具备以下能力并做好准备，在关注具有决定性意义的秩序指标要求的同时，合理使用现有的自由发挥的空间。

实例1：某一新居住区的规划依据现状条件，包含相邻公共空间造型的指标要求
规划选择方案显示出指标要求背景下不同解决方案的可实施性。

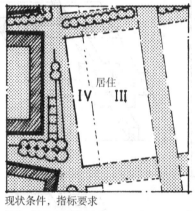

现状条件，指标要求　　　　　　　　规划选择方案

规划选择方案　　　　　　　　　　　规划选择方案

实例2：一个小型的城市性广场的造型——探讨广场改建的多样性或单一性
A. 建筑特征突出的若干独立建筑物的并存决定了广场形象。形式的多样性使广场非常引人注目——"隐藏的"单体造型组合可以形成一种较为松散明快的整体形象；但可以想象，这种形式容易陷入令人讨厌的"无序状态"的危险。
B. 广场整体形态的理念，前景为一种封闭型的建筑空间构成，强调形式、材质、色彩的整体性，细部决定形式上的重点。

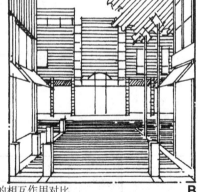

A　　　　建筑和街道形态的相互作用对比　　　　B

实例3：新建筑可以并应当总是有利于改善周边环境
A. 场所现状的所有显著形态特征/联系都被忽略；新建筑往往作为陌生形体和干扰因素产生影响，持续破坏整体状况（建筑只是在短时期内唤醒关注力时也同样如此）。
B. 这一新建筑与所有明显的场所形态特征协调，适应并能够一直不断地充实整体区域。

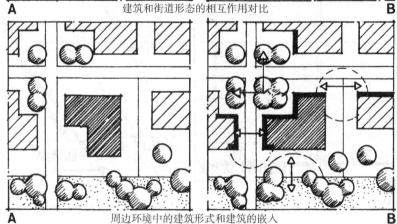

A　　　　周边环境中的建筑形式和建筑的嵌入　　　　B

某城市设计规划范例背景下的造型解决方案

个体造型观点的实现包含承担整体解决方案的职责,这意味着接受和取消边界,其意图是嵌入、配置而非主导。

必须要求业主和建筑师不仅考虑和规划其具体项目,也要理解每个特定项目是整体的一部分。

实例1:某一生活性道路的造型
—造型理念:街道形象在空间上划分为宅前花园区(由树篱构成边界)以及建筑立面的柔性造型(街道走向的空间分段),清晰明确的建筑形体与树冠的"柔性"形式形成对比
—实施实例A:造型理念的所有显著特征被忽略,建筑独立耸立在街道旁,"缄默"和无趣成为视觉氛围印象特征
—实施实例B:城市形态范例在参与建筑师的帮助下进一步发展,取得目标品质更具体以及特征更明显的成果。

实例2:某一街坊边缘建筑的造型
指标要求集中于转角造型及整体形式一致的立面和高度限制对城市形态的显著影响——包含建筑细部所控制的造型多样性

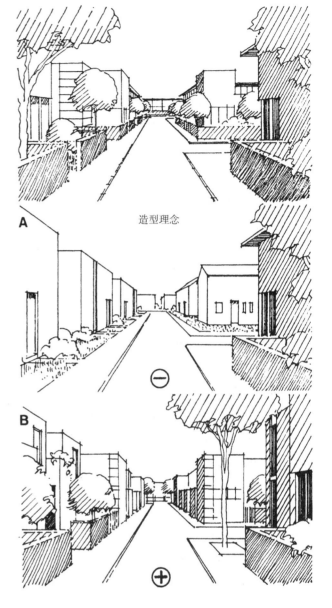

某生活性道路的造型形象和气氛对比

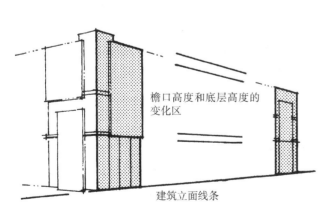

实例:利用私人建筑的丰富形态补充街坊边缘建筑

第7章 造型规定

索引

Bauleitplanung 建设指导规划
- Bebauungsplan 控制引导性规划 125, 192~201
- Flächennutzungsplan 土地使用规划 49, 50, 193
- Gestaltungsberatung 造型建议 194~196
- Gestaltungsfestsetzungen 造型规定 15
- Gestaltungssatzungen 造型条例 135, 192~196
- Gestaltungsvorgaben 造型规定 15, 125, 185, 191~201
- Grünrahmenplan 绿化系统框架规划 193, 197, 198
- Planungsebenen 规划层级 193
- Planungsverfahren 规划程序 192~200
- Rahmenplan 框架规划 193
- Vorhaben-und Erschließungsplan 开发计划 193~196

Bebauung 建筑
- Baublocks 建筑街坊 12, 148, 149, 152
- Bauflächen（Auswahl,Eignung） 建筑面积（选择、资格）49, 50, 54
- Bauformen（Gebäude-und Hausformen） 建筑形式（建筑物形式和住宅形式）16, 27, 28, 51, 115, 129
- Bauweise geschlossen,verdichtet 封闭型、高密度建筑形式 27, 126~130
- Bauweise offen,aufgelockert 开敞型、松散型建筑形式 27, 115~125
- Bauweisen 建筑形式 18, 27, 195
- Blockbebauung 街坊式建筑 32, 148, 149, 152, 153
- Blockinnenraum 街坊内庭院空间 148, 149, 152
- Dachformen 屋顶形式 27, 60
- Eckgebäude, Eckausbildung von Häuserzeilen 行列式房屋的转角建筑、转角造型 57, 145, 146, 201
- Einordnung von Bauwerken in Baubestand 在既有建筑环境中布置建筑物 12, 44, 57, 200
- Firststellung/-richtung 屋脊方位屋脊方向 27, 59
- Gebäudestellungen 建筑排布 27, 51, 52
- Gemischte Bebauung 混合型建筑 153
- Geschoßbau, -weise 多层建筑, 多层建筑方式 147~153
- Gestaltung von Bauwerken 建筑物的造型 15, 21, 26~28, 57~60, 142~146
- Gestaltungsanalyse von Bauwerken 建筑物的造型分析 28
- Hangbebauung 坡地建筑 51, 52
- Hofbebauung 庭院内的建筑 117, 128, 146, 152
- »Reformierte« Blockbebauung "改良型"街坊式建筑 152
- Torbildende Bebauung 入口形象性的建筑 17, 67, 75, 83, 128
- Zeilenbebauung 行列式建筑 127, 150~152

Bestandsaufnahme/-analyse 现状调查/现状分析 16~28, 194

Blickfeld »Augenhöhe« "目高"视野 26, 58, 151, 178

Bäume 树木 101~106
- Bäume als Element der Gestaltung 树木作为造型要素 101~103
- Bäume als Gestaltungsmittel in Straßen,Plätzen 树木作为街道、广场中的造型手段 102
- Eignung von Baumstandorten 适地适树 104
- Veränderung des Baumes in der Zeit 树木的历时变化 105
- Verschattung 树荫 106

Dorfbild 村庄形象 18~20, 81

Fußwege（in der Stadt） （城市中的）步行道 88~99
- Anlage, Ausstattung, Gestaltung 设施、设备、造型 90~92
- Bequemlichkeiten zum Ausruhen und Verweilen 休息和停留的舒适性 95~97, 174, 175

- Brücken, Stege 桥梁、路 93
- Erlebniswege/-räume 体验式道路/体验式空间 88, 89
- Fußgängerzone 步行区 174, 175
- Fußwegüber-/Unterführungen 步行过街天桥/步行地下通道 93, 94
- Wetterschutz （对于不利）气候的防护 96, 174, 178, 180~182

Gestaltung 造型
- »Goldener Schnitt« "黄金分割" 143, 144
- Dauerhaftigkeit 持续性 13~15, 23
- Detailgestaltung 细部造型 61, 70, 87, 90~92, 119
- Fassadengestaltung 立面造型 15, 26, 28, 202
- Form, Funktion, Bedeutung 形式、功能、意义 11
- Gestaltungsprinzip, ornamental 造型原则，装饰性的 35, 42
- Gestaltungsprinzip, regelmäßig, geometrisch 造型原则，规则型，几何型 35~37, 56, 61, 64
- Gestaltungsprinzip, unregelmäßig, organisch 造型原则，不规则型，有机型 35, 38, 39, 56, 61, 112
- Gestaltungsprinzip, »Logik« räumlich-funktionaler Strukturmuster 造型原则，空间-功能结构模式的"逻辑" 32, 33, 35, 40, 41
- Gegensatz als Gestaltungsprinzip 对比关系作为造型原则 43~46, 51, 55
- Unterordnung als Gestaltungsprinzip 主次关系作为造型原则 43~46
- Gestaltungsbild geschlossen 封闭式的造型形象 15, 29, 34, 197
- Gestaltungsbild offen 开敞式的造型形象 15, 29, 34, 162, 197, 200
- Gestaltungskonzepte/-ziele 造型构思/目标 14, 15, 33, 34, 85, 86, 125, 162, 193, 194, 197~201
- Gestaltungsmerkmale 造型特点 15, 16, 24~28, 32, 34, 37~45, 59, 115~118, 121, 122, 129, 131~133
- Gestaltungsplan/-entwurf 造型规划/造型设计 15, 87
- Gestaltungssatzung 造型条例 192~195
- Gestaltungsvorgaben 造型规定 14, 15, 125, 126, 135, 162, 185, 189, 191~201
- Leitbild der Gestaltung 造型范例 14, 15, 33, 34, 185, 197~201
- Ordnungsziele, Ordnung als Gestaltungselement 秩序目标，秩序作为造型要素 14, 30~33, 197~200
- Wahrnehmung, Blickschärfe 感知、视觉精度 11, 23, 24, 50
- Zeitebenen, Zeitgebundenheit 时间层面，时间关联 13~15, 21, 43, 44

Gewerbegebiete 产业用地 186~191
- Gewerbebauten 产业建筑 189
- Gestaltungsvorgaben/-ziele 造型规定/造型目标 189, 191

Gewässer, Flüsse, Brunnen 水体、河流、水井 47, 55, 100, 197

Grün- und Freiflächen 绿地和开放空间
- Freiraumgestaltung 开放空间造型 67, 111~113, 130, 151, 154, 155, 193, 194, 197
- Grün-/Spielplätze 绿化广场/游戏场 110~113, 127, 128, 151, 155

Landschaft 景观
- Einpassung in das Landschaftsbild 适应自然景致 39, 43, 46~56, 62 100, 106, 197
- Geländeform,-struktur, Topografie 场地形状、场地格局、地形 17, 41, 47, 49~53, 71, 112, 197
- Landschaftsbild 景观形象 17, 49, 50~56, 62
- Übergänge Landschaft-Siedlungsbereich, Stadt, Siedlungsränder 过渡区的景观-居住区范围、城市、居住区边缘 15~17, 31, 33, 34, 55, 56, 61, 74, 162, 197, 199
- Vegetation 植被 48, 197

Mischgebiete（Gemengelagen）混合区（混合用地）186~188
- Gemischt genutzte Bauformen 混合使用的建筑形式 187-188

- Zuordnungen von Wohnen und Arbeiten 居住与工作的配置 187-188

Märkte 市场 177, 183

Maßstabsebenen 尺度层面 12, 14, 15

Orientierung 目标导向 66, 67, 69, 71, 75, 86, 88, 91, 94, 127, 128, 137, 144

Ordnungsziele 秩序目标 14, 15, 162, 197~200

Passagen 廊道 182

Platzgestaltung 广场造型 16, 69, 81~87, 111~113, 130, 197, 199, 200

Parken 停车
- Einstellplätze, Parkplätze（offen） 停车场、停车场（开敞型）139, 140, 158, 159
- Parkgaragen, überdachte Stellplätze 车库、有顶的停车位 139, 140, 141, 157, 160, 161

Räume, Raumbildungen 空间、空间构成
- Flächen-/Raumbegrenzungen 用地界定/空间界定 55, 56, 59, 111
- Kulissen 背景/布景 26, 59, 62, 125
- öffentlicher Raum/Bereich 公共空间/公共区域 23~26, 44, 61, 66~69, 85, 120~125, 130~138, 174~177, 185, 197~201
- Raumbildung, -bilder 空间构成，空间形象 17, 38, 59, 76~87, 111, 116, 126, 142, 148, 149, 197~199
- Raumkanten 空间边界 18, 25, 26, 27, 76~80, 84~86, 126, 142, 162, 197~200
- Raumproportionen 空间比例 18, 25, 26, 31, 39, 76~85, 113, 162, 197~199

Schallschutz（-maßnahmen）an Straßen 街道上的噪声防护（措施）72, 73

Silhouetten 轮廓 18, 31, 33, 34, 43, 48, 49, 54

Strukturmuster 结构模式 32, 40, 41, 45

Strukturmerkmale 结构标志 32, 40, 41

Stadtbild 城市形象 18~21, 23~27, 38, 48, 61, 63, 81, 162, 171, 190, 192, 197~201

Stadtbildanalyse 城市形象分析 18~20

Städtebaulicher Entwurf 城市设计 15, 193, 194, 196, 200

Städtebauliches Gestalten/Stadtgestaltung 城市设计造型/城市造型 10~15, 29~113, 192~201

Stadtgrundriß 城市平面图 32, 33, 36, 37, 39, 40, 41, 44, 61

Straßen, Plätze 道路、广场
- Breitenwirkung von Straßen 道路的宽度作用 25, 26, 79
- Einpassung von Straßen in die Landschaft 道路适应自然景观 62, 71, 74
- Einpassung von Straßen in das Stadtbild 道路适应城市形象 45, 63-66
- Erschließungsstruktur 道路结构 12, 37, 67, 127, 130, 197, 198
- Gestaltungsmerkmale von Straßenräumen 街道空间的造型特点 15, 18, 19, 23~26, 61~80, 116~120, 201
- Höhenwirkung von Straßen 道路的高度作用 80
- Längen-/Tiefenwirkung von Straßen 道路的长度/深度作用 25, 26, 76~78
- Stadtstraßen 城市道路 16, 24, 37, 39, 61, 63~65
- Straßenbild 道路形象 18, 19, 23, 24~26, 33, 70, 107, 109, 117, 118, 120, 125, 130, 162, 174, 190, 191, 198, 201
- Straßenraum, -profile, -proportionen 道路空间、道路剖面、道路比例 24, 25, 37, 61~71, 180, 191, 197~199
- Straßengestaltung 道路造型 23, 61~80, 118, 120, 125, 130, 162, 174~177, 190, 191, 197, 198
- Torsituationen 入口状况 17, 67, 74, 75, 83, 128, 143, 199
- Verkehrsberuhigung 交通疏解 69, 70
- Wohnstraßen/-wege 生活性道路/宅间小路 65, 66~69, 118-120, 125, 127, 128, 130, 132, 133, 151

Versorgungsbereiche/-einrichtungen/Zentren 服务范围/服务设施/服务中心
- Gestaltung Ladengeschoßebene 商业店面层造型

26, 178, 179
- Läden 商店 163, 164~171
- Läden in mehreren Ebenen 多层式商店 173
- Ladenstraßen 商业街 168
- Ladenstraßen als Fußgängerzonen 作为步行区的商业街 174, 175
- Ladenstraßen mit Fahrverkehr 带车行交通的商业街 176, 177
- Ladenzentren 商业中心 169~173, 183~185
- Strukturmerkmale 结构特点 165, 166, 170
- Zentren mit multifunktionaler Nutzungsstruktur 功能混合型中心 183~185
- Sonderformen der Gestaltung von Laden-, Einkaufsstraßen 商业街、购物街的特殊造型 180~182
  - Arkaden 拱廊 180
  - Kolonnaden 柱廊 178~181
  - Passagen 通道 182
  - Schutzdächer, Wetterschutz 天篷、气候防护 174, 181

Witterungsschutz 气候防护 102, 106
Wohngebiete 居住区 66~69, 114~162
- Aktivitäts-/Erlebnisbereiche 活动区域/体验区域 23, 111, 151, 155
- Einfamilienhausbebauung 独户住宅建筑 52, 53, 115~146
- Einfriedungen 围篱 120, 122, 124, 125, 133, 135, 138
- Erreichbarkeit von Einrichtungen 设施的可达性 110
- Geschoßbebauung 多层建筑 147~162
- öffentliche Bereiche 公共区域 23, 68~69, 85, 120~127, 130, 148, 149, 150~152, 154, 155, 162, 185, 197~200
- Plätze und Grünflächen im Wohnumfeld 居住环境中的广场和绿地 111~113, 130, 151, 155
- private Bereiche 私人区域 66~69, 85, 120~127, 148, 149, 150~152, 154, 155
- Spielgelegenheiten im Wohnumfeld 居住环境中的游戏场所 110~113, 130, 151, 155
- Übergänge öffentlich-privat 公共性-私密性的过渡 25, 66~69, 118, 120~122, 128, 130~135, 151, 152, 154~156
- Vorgärten, Vorlagen, Vorhöfe 宅前花园、宅前设施、宅前庭院 68, 69, 118, 120~122, 125, 130~135, 156
- Wohngärten, -terrassen, -höfe 宅内花园、宅内露台、宅内庭院 123, 124, 128, 136~138, 157, 161
- Wohnstraßen, -wege 生活性道路，宅间小路 65, 66~69, 118~120, 125, 127, 128, 130, 132, 133, 151
- Wohnumfeld, -umgebung 居住环境 68~70, 111~113, 127, 128, 130~138, 149, 151, 154, 155, 187

参考文献

Bacon, E. D.: Stadtplanung von Athen bis Brasilia. Zürich 1968.

Cullen, G.: Townscape. London 1973.

Curdes, G.: Stadtstruktur und Stadtgestaltung. Stuttgart 1996.

Geurtsen, R./Verschuren, P./Kwakkenbos, G.: Stadtsontwerp S Gravenhage. Delft 1989.

von Meiss, P.: Vom Objekt zum Raum zum Ort. Basel, Berlin, Boston 1994.

Rainer. R.: Lebensgerechte Außenräume. Zürich 1972.

Rauda, W.: Lebendige Städebauliche Raumbildung. Stuttgart 1957.

Reinborn, D.: Städtebau im 19. und 20. Jahrhundert. Stuttgart 1996.

Rowe, C./Koetter, F.: Collage City. Basel, Boston, Berlin 1997.

Schalhorn, K./Schmalscheidt, H.: Raum, Haus, Stadt. Stuttgart 1997.

Schumacher, F.: Das bauliche Gestalten. Basel, Berlin, Boston. 1926/1991.

Spengelin, F./Nagel, L.: Wohnen in Städten (Ausstellungskatalog). Lamspringe.

Staufenbiel, F.: Leben in Städten. Berlin 1989.

Stübben, J.: Der Städtebau (Reprint 1. Auflage von 1890). Braunschweig/Wiesbaden.

译后记

本书是德国大学的《城市设计》教科书,分为上、下两册。为了帮助读者理解,对于部分德国城市规划设计中特有的专用名词,在索引部分做了加注。

在翻译过程中,我组织成立了一个译制小组,上册参加翻译的人员包括:吴志强、干靓、朱嵘、易海贝和董一平;由我和干靓、冯一平完成校对。下册参加翻译的人员包括:吴志强、干靓、冯一平、蒋薇、许晓、孙雅楠、申硕璞;由我和董楠楠、蔡永洁、曲翠松、干靓、冯一平、蒋薇负责校对。干靓做了大量组织工作,朱嵘前期的工作也极为认真,申硕璞和田丹承担了文稿整理的工作。我在此对译制小组同事们的辛勤工作表示感谢!

上海同济城市规划设计研究院的德籍总工 Bernd SEEGERS 先生为我的译制小组的成员进行了专用名词释疑指导,特此致谢!

感谢中国建筑工业出版社以及董苏华编审给我时间,衷心感谢这样的大出版社给了我耐心,为本书的翻译、校对和审定前后用了 4 年的时间,出版所付出的辛勤工作!

最后要感谢许多学界的前辈,他们对城市设计的求实态度,对翻译工作的严谨作风一直在影响着我的整个工作过程。

虽然几经校对和反复推敲,两国的文化和专业发展背景的差异,以及我和译制组成员的水平局限,还有一些值得再推敲的词语可以研究,苦于出版时间的约定,先呈印制。敬请同行指教。

吴志强

2009 年初夏同济园

2018年江苏省社会科学基金重点项目(编号 18YSA003)
2021年江苏高校"青蓝工程"中青年学术带头人资助项目
江苏高校优势学科建设工程资助项目(PAPD)
南京艺术学院学术著作出版资助项目

新媒体艺术史

马晓翔 著

东南大学出版社
SOUTHEAST UNIVERSITY PRESS
·南京·

内 容 提 要

新媒体艺术发端至今所涉及的概念十分繁多,也各有界定;新媒体艺术的分类在发展中呈现各类新的样式;新媒体艺术与科技的关系在科技介入媒体、科技介入艺术、科技与媒体艺术的融合中得以体现。

新媒体艺术的审美观念在传统审美理论的式微中生发;其审美范畴是在中西文化碰撞中产生的;其审美经验来源于当代经验主义审美的嬗变。

新媒体艺术形式的演变各从其类;其主客体关系体现在主体的创作、客体的参与和身份的替换中;新媒体艺术的创造涉及研发、展陈、科研和会议。

《新媒体艺术史》作为一本有关新媒体艺术发展脉络的学术专著,涉足范畴相当广泛,论著方式有叙有议,具有一定的历史价值和文献意义。对于新媒体艺术、当代艺术、艺术设计的学生、从业人员有着良好的理论指导作用,也对新媒体艺术美学、媒体艺术传播学、媒体艺术社会学、媒体艺术人类学、计算机艺术领域研究人员有所裨益。

图书在版编目(CIP)数据

新媒体艺术史/马晓翔著.—南京:东南大学出版社,2022.1(2023.1重印)
 ISBN 978-7-5641-9869-5

Ⅰ.①新… Ⅱ.①马… Ⅲ.①媒体-艺术-研究
Ⅳ.①G206.2

中国版本图书馆 CIP 数据核字(2021)第 254276 号

责任编辑:宋华莉　责任校对:子雪莲　封面设计:伊玟　责任印制:周荣虎

新媒体艺术史
Xinmeiti Yishushi

著　　者	马晓翔
出版发行	东南大学出版社
社　　址	南京四牌楼 2 号
邮　　编	210096
电　　话	025 - 83793330
网　　址	http://www.seupress.com
电子邮件	press@seupress.com
经　　销	全国各地新华书店
印　　刷	南京玉河印刷厂
开　　本	889mm×1 194mm　1/16
印　　张	24.75
字　　数	732 千字
版　　次	2022 年 1 月第 1 版
印　　次	2023 年 1 月第 2 次印刷
书　　号	ISBN 978-7-5641-9869-5
定　　价	98.00 元

本社图书若有印装质量问题,请直接与营销部联系。电话:025-83791830。